"十三五"国家重点出版物出版规划项目

现代机械工程系列精品教材

工业机器人结构与机构学

主编　程丽　王仲民

参编　杨舒宇　叶旭明　张建新　刘佳　冯玉爽

机械工业出版社

本书从应用型本科人才培养的实际需求出发，对工业机器人所涉及的基础知识、机械结构、核心部件等进行了全面详细的阐述。全书共4章，主要包括工业机器人基础、工业机器人机构学、工业机器人的主体机械结构、工业机器人驱动与传动方式，其中主体机械结构、谐波减速器、RV减速器的结构等内容是体现工业机器人结构特点、提高设计应用能力的关键部分。

本书可作为普通高等院校本科和高职高专机器人工程专业的教学用书，或机械领域的通识类本科教材，也可供相关专业的工程技术人员参考。

图书在版编目（CIP）数据

工业机器人结构与机构学/程丽，王仲民主编. —北京：机械工业出版社，2019.12（2024.6重印）
“十三五”国家重点出版物出版规划项目 现代机械工程系列精品教材
ISBN 978-7-111-65057-7

Ⅰ.①工… Ⅱ.①程… ②王… Ⅲ.①工业机器人-结构-高等学校-教材②工业机器人-机器人机构-高等学校-教材 Ⅳ.①TP242.2

中国版本图书馆CIP数据核字（2020）第043518号

机械工业出版社（北京市百万庄大街22号 邮政编码100037）
策划编辑：余 皞 责任编辑：余 皞 张亚捷 刘丽敏
责任校对：王 延 封面设计：张 静
责任印制：单爱军
北京虎彩文化传播有限公司印刷
2024年6月第1版第4次印刷
184mm×260mm · 7印张 · 167千字
标准书号：ISBN 978-7-111-65057-7
定价：29.80元

电话服务
客服电话：010-88361066
010-88379833
010-68326294

网络服务
机 工 官 网：www.cmpbook.com
机 工 官 博：weibo.com/cmp1952
金 书 网：www.golden-book.com
机工教育服务网：www.cmpedu.com

封底无防伪标均为盗版

前　言

当前，工业机器人及自动化生产线成套装备已成为高端装备的重要组成部分。作为先进制造业中典型的机电一体化数字化装备，工业机器人已经成为衡量一个国家制造业水平和科技水平的重要标志。世界各技术强国将突破机器人技术、发展机器人产业摆在本国科技发展的重要战略地位。过去的几年间，美国、德国、日本、韩国相继推出了各自的机器人发展规划。2015年，我国推出了《中国制造2025》规划，提出机器人产业的发展要“围绕汽车、机械、电子、危险品制造、国防军工、化工、轻工等工业机器人应用以及医疗健康、家庭服务、教育娱乐等服务机器人应用的需求，积极研发新产品，促进机器人标准化、模块化发展，扩大市场应用。突破机器人本体、减速器、伺服电动机、控制器、传感器与驱动器等关键零部件及系统集成设计制造等技术瓶颈。”

欧洲、日本在工业机器人的研发与生产方面占有优势，其中知名的机器人公司包括ABB、KUKA、FANUC、YASKAWA等，这四家机器人企业占据的工业机器人市场份额达到60%~80%。美国特种机器人技术创新活跃，军用、医疗与家政服务机器人产业占有绝对优势，并占有智能服务机器人市场的60%。我国工业机器人需求迫切，以每年25%~30%的速度增长，年需求量在2万~3万台套。

依据当前社会对工业机器人领域人才需求迫切的态势，编写一本工业机器人的实用教材就显得尤为重要。本书的编写力求做到“能用、够用”，内容循序渐进、由浅入深、图文并茂、言简意赅，方便机器人专业和机械相关领域的人士自学。本书由程丽、王仲民担任主编。参与编写工作的有沈阳大学杨舒宇（第1章1.1、第3章3.1），程丽（第2章），叶旭明（第3章3.2），天津职业技术师范大学王仲民、刘佳（第1章1.2~1.4），冯玉爽（第3章3.3），天津中德应用技术大学张建新（第4章）。

本书在编写过程中得到了沈阳大学、天津职业技术师范大学津南研究院、全国机械职业教育教学指导委员会、天津天智众创科技孵化器有限公司的大力支持和帮助，在此深表谢意。本书承蒙于靖军教授细心审阅，并提出了许多宝贵意见，在此表示衷心的感谢。

由于编者水平所限，书中难免存在不妥之处，恳请广大读者不吝赐教，批评指正。联系邮箱：chengli8000@ sina. com. cn，wzmin86@ 126. com。

编　者

目　　录

中间件等方面的下一代技术研发。美国2013年公布的《机器人路线图》部署了未来要攻克的机器人关键技术，包括非结构环境下的感知操作、类人灵巧操作、能与人类一起工作、具备在人类生产或生活真实场景中的自主导航能力、能自动理解人的行为和心理状态、具备人机交互能力、具备良好的安全性能等。2014年欧委会和欧洲机器人协会下属的180个公司及研发机构共同启动全球最大的民用机器人研发计划"SPARC"，计划到2020年，欧委会投资7亿欧元，协会投资21亿欧元，共同推动机器人研发。

未来机器人的发展有以下四方面发展趋势。一是人机协作，随着对人类意图理解、人机友好交互等技术进步，机器人从与人保持距离作业向与人自然交互并协同作业方面发展。二是自主化，随着执行与控制、自主学习与智能发育等技术进步，机器人从预编程、示教再现控制、直接控制、遥操作等被操纵作业模式向自主学习、自主作业方向发展。三是信息化，随着传感与识别系统、人工智能等技术进步，机器人从被单向控制向自己存储、自己应用数据方向发展，像计算机、手机一样成为信息终端。四是网络化，随着多机器人协同、控制、通信等技术进步，机器人从独立个体向相互联网、协同合作方向发展。

1.1 工业机器人定义

Robot来源于捷克作家Karel Capek1920年的剧本《罗沙姆的万能机器人公司》，Capek把捷克语"Robota（奴隶）"写成了"Robot"。由于机器人这一名词中带有"人"字，再加上科幻小说或影视宣传，人们往往把机器人想象成外貌像人的机械装置。但事实并非如此，特别是目前使用最多的工业机器人，与人的外貌毫无相像之处，通常只是仿效人体手臂的机械电子装置。

要给机器人下个合适的能为人们所认可的定义还有一定的困难，专家们也是采用不同的方法来定义这个术语。现在，世界上对机器人还没有统一的定义，各国有自己的定义，这些定义之间的差别也较大。有些定义很难将简单的机器人与其技术密切相关的"刚性自动化"装置区别开来。

国际上，对于机器人的定义主要有以下几种：

1）美国机器人协会的定义。机器人是"一种用于移动各种材料、零件、工具或专用装置的，通过可编程的动作来执行种种任务的并具有编程能力的多功能机械手"。这一定义叙述得较为具体，但技术含义并不全面，可概括为工业机器人。

2）美国国家标准局的定义。机器人是"一种能够进行编程并在自动控制下执行某些操作和移动作业任务的机械装置"。这也是一种比较广义的工业机器人的定义。

3）日本工业机器人协会的定义。工业机器人是"一种装备有记忆装置和末端执行器的，能够转动并通过自动完成各种移动来代替人类劳动的通用机器"。同时，可进一步分为两种情况来定义：

① 工业机器人是"一种能够执行与人体上肢类似动作的多功能机器"。

② 智能机器人是"一种具有感觉和识别能力，并能控制自身行为的机器"。

4）国际机器人联合会将机器人定义如下：机器人是一种半自主或全自主工作的机器，它能完成有益于人类的工作，应用于生产过程称为工业机器人；应用于特殊环境称为专用机器人（特种机器人）；应用于家庭或直接服务人称为（家政）服务机器人。这种内涵广义的理解是机器人自动化机器，而不应该理解为像人一样的机器。

5）国际标准化组织（International Organization for Standardization，ISO）对机器人的定义为“机器人是一种自动的、位置可控的、具有编程能力的多功能机械手，这种机械手具有几个轴，能够借助于可编程序操作处理各种材料、零件、工具和专用装置，以执行种种任务”。按照 ISO 定义，工业机器人是面向工业领域的多关节机械手或多自由度的机器人，是自动执行工作的机器装置，是靠自身动力和控制能力来实现各种功能的一种机器；它接收人类的指令后，将按照设定的程序执行运动路径和作业。

6）我国关于机器人的定义。具有两个或两个以上可编程的轴，以及一定程度的自主能力，可在其环境内运动以执行预期的任务的执行机构。中国工程院蒋新松院士曾建议把机器人定义为“一种拟人功能的机械电子装置”。

1.2 工业机器人组成

工业机器人一般由两大部分组成：一部分是机器人的执行机构，一般称为操作机，主要用来完成机器人的操作和作业；另一部分是机器人的控制系统，即：控制柜和示教编程器，主要完成信息的获取、处理、作业编程、轨迹规划、控制以及整个机器人系统的管理等功能。机器人控制系统是机器人最核心的部分，机器人性能的优劣主要取决于控制系统的品质。当然，如果要利用机器人完成一套复杂的工作，除去机器人本体之外，还需要配套的周边设备。例如：对复杂零件进行焊接，还需要配备变位机；完成装配工作，还需要配备机器人的运行轨道等。工业机器人的系统结构如图 1-3 所示。

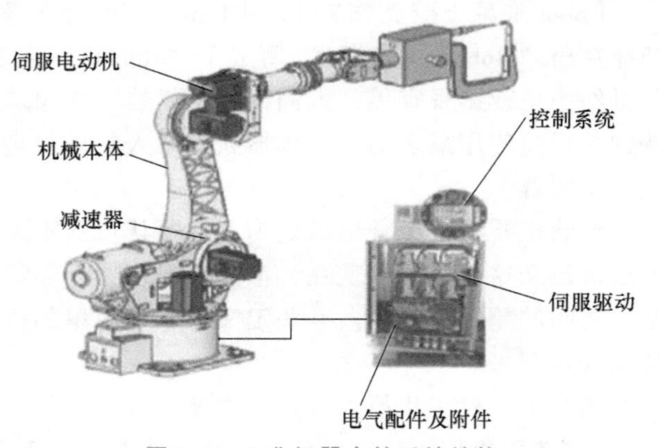

图 1-3　工业机器人的系统结构

1.2.1 操作机

操作机也称为机器人本体，是工业机器人的机械主体，它是用来完成各种作业的执行机构，主要包括机械臂、驱动装置、传动单元及传感器等。现在工业生产中常用的工业机器人，其本质是将机构学中杆件与运动副相互连接而成的空间开链机构。对于工业机器人而言，连杆称为手臂，运动副称为关节。关节又分为移动关节和转动关节。机器人的末端称为手腕，一般由几个转动关节组成。机器人的手臂决定机器人到达的位置，而手腕则决定了机器人的姿态。

为适应不同的用途，机器人操作机最后一个轴的机械接口通常为连接法兰，可根据实际工况安装不同的机械操作装置，即末端执行器。为实现对工业机器人的精确控制，必须采用位置传感器、速度传感器等检测元件以实现位置、速度和加速度的闭环控制。

1.2.2 控制器

控制器集成了机器人的控制系统，是整个机器人系统的神经中枢。如果将操作机看作是机器人的“肢体”，那么控制器则是机器人的“大脑”和“心脏”。其主要作用是用于机器人坐标轴位置和运动轨迹的控制，输出运动轴的插补脉冲。控制器的主要功能包括：

1）示教功能。主要包括在线示教和离线示教两种方式。

2）记忆功能。存储作业顺序、运动路径和方式以及与生产工艺有关的信息等。

3）位置伺服功能。机器人多轴联动、运动控制、速度和加速度控制、动态补偿等。

4）坐标设定功能。可在关节、直角、工具等常见坐标系之间进行切换。

5）与外围设备联系功能。包括输入/输出接口、通信接口、网络接口等。

6）传感器接口。位置检测、视觉、触觉、力觉等。

7）故障诊断安全保护功能。运行时的状态监视、故障状态下的安全保护和自诊断。

1.2.3 示教器

为使机器人完成规定的任务，在工作前由操作者把作业要求的内容（如机器人的运行轨迹、作业顺序、工艺条件等）预先教给机器人，进行这种操作称为示教。把示教的内容保存下来称为记忆。使机器人按示教的内容动作称为再现。例如，由操作者对焊接机器人按实际焊接操作一步步进行示教，机器人即将其每一步示教的空间位置、焊枪姿态及焊接参数等，顺序、精确地存入控制器计算机系统的相应存储区。示教结束的同时，就会自动生成一个执行上述示教参数的程序。当实际待焊件到位时，只要给机器人一个起焊命令，机器人就会精确、无须人介入地一步步重现示教的全部动作，自动完成该项焊接任务。

机器人示教编程器是操作者与机器人之间的主要交流界面。操作者通过按键直接输入命令和进行所需的操作。目前常用的示教器为菜单式，主要由显示器和操作菜单键组成，操作者可通过操作菜单选择需要的操作。示教编程器可以对机器人进行各种操作、示教、编程，并可直接移动机器人。机器人的各种信息、状态通过示教编程器显示给操作者。此外，还可通过示教编程器对机器人进行各种设置。DX100 控制系统的示教器如图 1-4 所示。

图 1-4 DX100 控制系统的示教器

示教内容主要由两部分组成，一是机器人运动轨迹的示教，二是机器人作业条件的示教。以焊接机器人为例，机器人运动轨迹的示教主要是为了完成某一作业，焊丝端部所要运动的轨迹，包括运动类型和运动速度的示教。机器人作业条件的示教主要是为了获得好的焊接质量，对焊接条件进行示教，包括被焊金属的材质、板厚、对应焊缝形状的焊枪姿势、焊接参数、焊接电源的控制方法等。

1.3 工业机器人分类

工业机器人的分类方法很多，可以按其坐标形式、结构形式等进行分类。

(1) 按坐标形式分

1) 圆柱坐标型机器人（Cylindrical Coordinate Robot，CCR）。由一个回转和两个移动的自由度组合而成（图 1-5）。

2) 球坐标型机器人（Polar Coordinate Robot，PCR）。由回转、旋转、平移的自由度组合而成（图 1-6）。

这两种机器人由于具有中心回转自由度，所以均具有较大的动作范围。世界上最初实用化的工业机器人“Versatran”和“Unimate”分别采用圆柱坐标型和球坐标型。

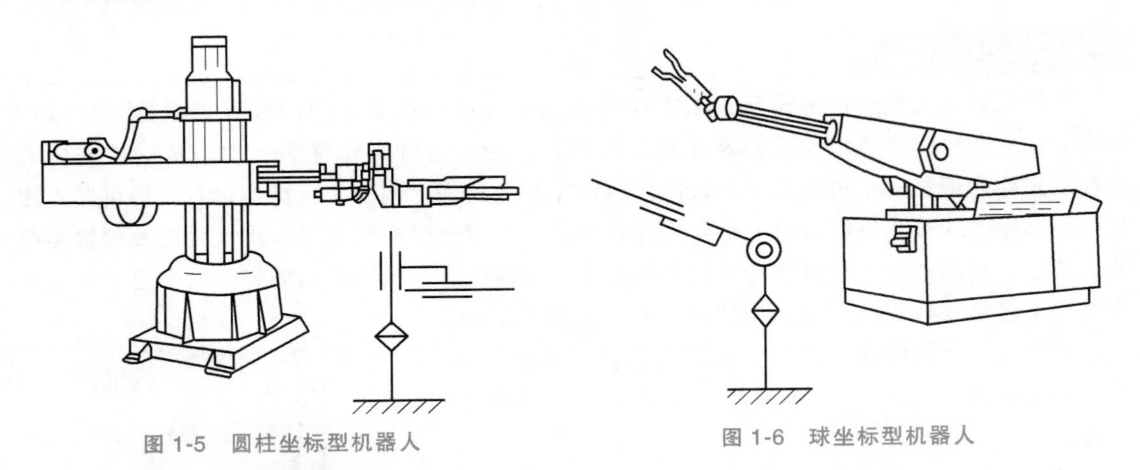

图 1-5 圆柱坐标型机器人　　图 1-6 球坐标型机器人

3) 直角坐标型机器人（Cartesian Coordinate Robot，CCR）。由独立沿 x、y、z 轴的自由度构成。其结构简单，精度高（图 1-7）。

4) 关节型机器人（Articulated Robot，AR）。主要由回转和旋转自由度构成。从肘到手臂根部的部分称为上臂，从肘到手腕的部分称为前臂。这种结构，对于确定三维空间上的任意位姿是有效的，对于各种各样的作业任务具有良好的适应性（图 1-8）。

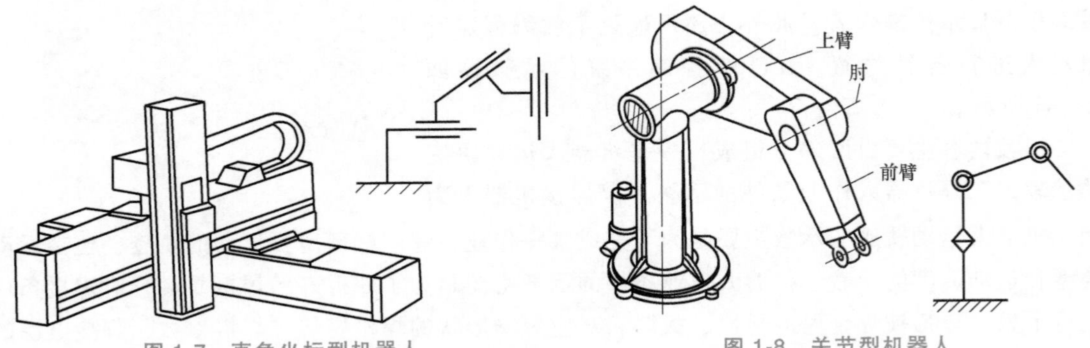

图 1-7 直角坐标型机器人　　图 1-8 关节型机器人

关节型机器人根据其自由的构成方法，可进一步分为以下三类机器人：

① 仿人关节型机器人，在标准手臂上再加一个自由度（冗余自由度），如图 1-9 所示。

② 平行四边形连杆关节型机器人。手臂采用平行四边形连杆，并把前臂关节驱动用的电动机安装在手臂的根部，可获得更高的运动速度（图 1-10）。

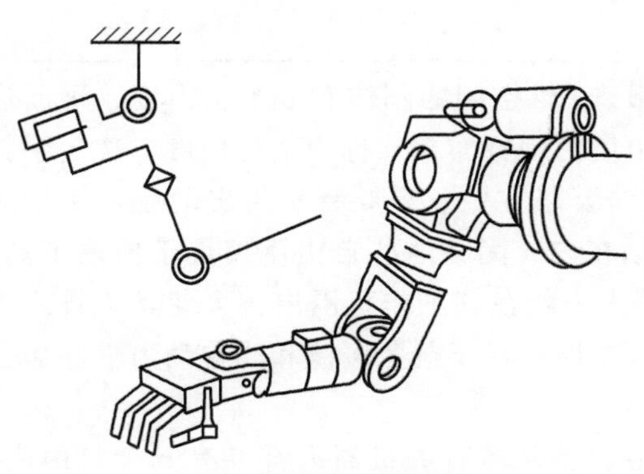

图 1-9　仿人关节型机器人

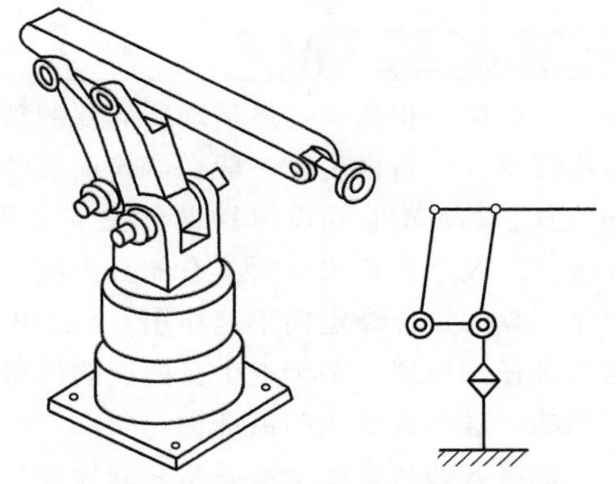

图 1-10　平行四边形连杆关节型机器人

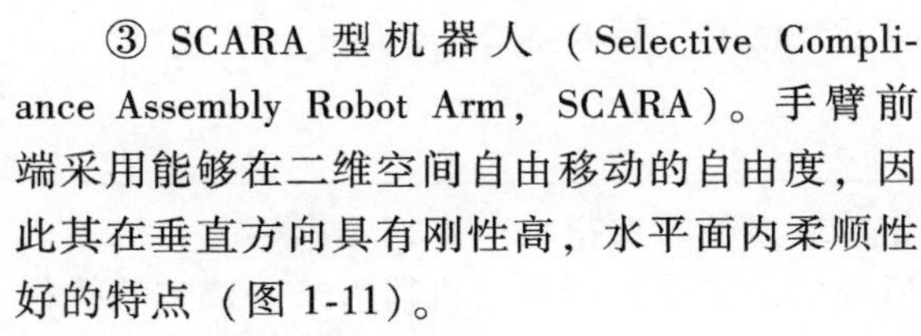

③ SCARA 型机器人（Selective Compliance Assembly Robot Arm，SCARA）。手臂前端采用能够在二维空间自由移动的自由度，因此其在垂直方向具有刚性高，水平面内柔顺性好的特点（图 1-11）。

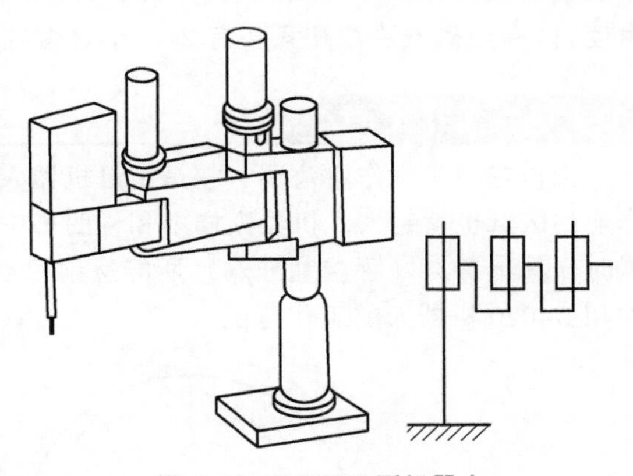

图 1-11　SCARA 型机器人

（2）按结构形式分

1）串联机器人。采用转动副或移动副依次串联构成的机器人，如图 1-12 所示。

2）并联机器人。并联机器人可以严格定义为：上下平台用 2 个或 2 个以上分支相连，机构具有 2 个或 2 个以上自由度，且以并联方式驱动的机构称为并联机器人机构。但从机构学的角度讲，只要是多自由度，驱动器分配在不同的环路上的并联多环机构均可称为并联机器人（图 1-13）。例如：工业生产中常用的 Delta 机器人。

图 1-12　串联机器人

图 1-13　并联机器人

1.4 工业机器人技术指标

1.4.1 自由度

自由度是指描述物体运动所需要的独立坐标数。3 维空间的刚体有 6 个自由度，平面运动则需要 3 个自由度。一般机器人前面的 3 个自由度由手臂实现，称为主自由度，决定手腕的位置，其余的自由度（腕部各关节）决定手爪的姿态方位。需要特别指出的是：手指的开合，以及手指各关节所具有的自由度一般不包括在内，因为这些自由度仅用于抓取工具，对于工具的定位和定向不起作用。6 自由度的机器人一般在其工作范围内，可使其工具或手运动到任一位姿。多于 6 个自由度的机器人具有冗余度，对于避免碰撞和改善动力学性能是有利的，且具有更大的灵活性。

机器人的自由度个数要与它的任务需求相适应，不是所有的机器人都要有 6 个自由度。一般机器人具有 3~5 个自由度即可满足使用要求（其中臂部 2~3 个自由度，腕部 1~2 个自由度）。专用机械手往往只要有 2~3 个自由度即可满足工作要求。

1.4.2 工作空间

工作空间又称作业范围，它是衡量机器人作业能力的重要指标，工作范围越大，机器人作业的区域也就越大。机器人样本和说明书中所提供的工作范围是指机器人未安装末端执行器时，其参考点（手腕基准点）所能达到的空间。图 1-14 和图 1-15 所示分别为 PUMA 机器人和 A4020 机器人的工作范围。

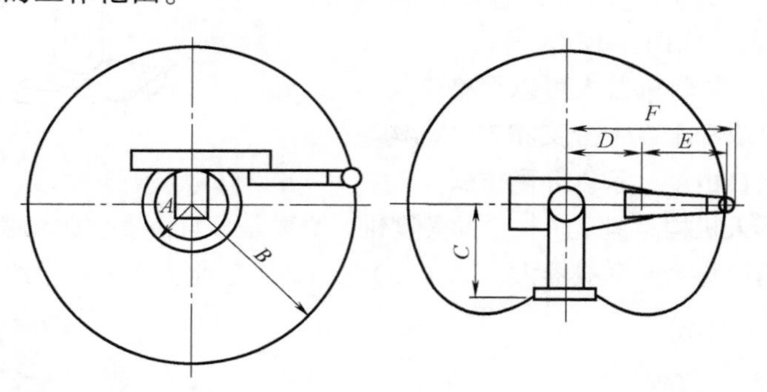

图 1-14　PUMA 机器人的工作范围

工作范围的大小决定于机器人各个关节的运动极限范围，它与机器人的结构有关。工作范围应剔除机器人在运动过程中可能产生自身碰撞的干涉区域；此外，机器人实际使用时，还需要考虑安装了末端执行器之后可能产生的碰撞。因此，实际工作范围还应剔除末端执行器与机器人碰撞的干涉区域。

机器人的工作范围内还可能存在奇异点（Single Point，SP）。所谓奇异点，是由于结构的约束，导致关节失去某些特定方向的自由度的点。奇异点通常存在于作业空间的边缘，若奇异点连成一片，则称为空穴。机器人运动到奇异点附近时，由于自由度逐步丧失，关节的

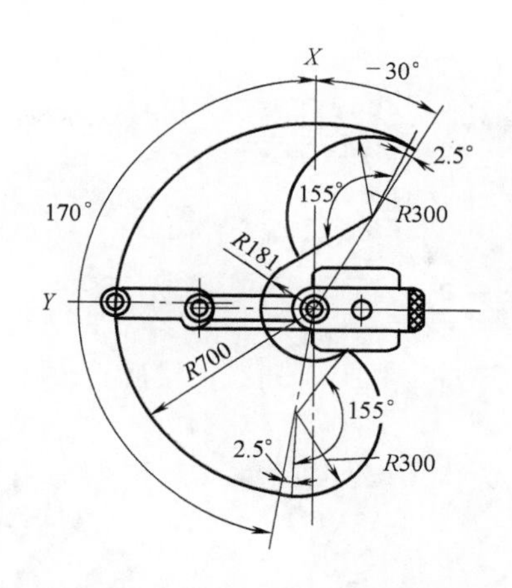

图 1-15　A4020 机器人的工作范围

姿态需要急剧变化，这将导致驱动系统承受很大的负载而产生过载。因此，对于存在奇异点的机器人来说，其工作范围还需要剔除奇异点和空穴。

1.4.3　额定负载

负载是指机器人在工作时能够承受的最大载重。机器人的负载能力不仅取决于构件尺寸和驱动器的容量，还与机器人的运动速度有关，这是指在正常运行速度下所容许抓取的物体重量。一般低速运行时负载能力较大，为安全起见，规定在高速运行时所能抓取物体的重量作为负载能力的指标。

1.4.4　定位精度

定位精度是衡量机器人工作质量一项重要指标。定位精度是指机器人末端件的实际位置与理想位置之间的差距。重复定位精度是指在相同的位置指令之下，机器人连续重复运动若干次，其位置的分散情况。定位精度取决于位置控制方式及机器人本体部件的结构刚度与精度，与抓取质量、运动速度、定位方式等也有密切关系。目前，专用机械手采用固定挡块定位方式可达到较高的定位精度（−0.02～+0.02mm），采用行程开关、电位计等电气元件控制的位置精度相对较低，大约为±1mm。伺服控制系统的机器人是一种位置跟踪系统，即使在高速重载情况下，也可不发生剧烈的冲击和振动，因此可获得较高的定位精度，重复定位精度最高可达 0.01mm。

1.4.5　运动速度

一般所说的运动速度是指最大运行速度。为了缩短机器人整个运动的周期，提高生产效率，通常总是希望起动加速和减速制动阶段的时间尽可能缩短，而运行速度尽可能提高，即提高整个运动过程的平均速度。为保证定位精度，往往会在加速、减速阶段花费较长时间。因此，提高加减速的能力非常重要。过大的加减速会使惯性力增加，影响工作的平稳性和定位精度。另外，在不同的运行速度之下，机器人的负载能力是不同的。在选择机器人时，应综合考虑负载能力和运行速度，有些情况要求负载能力较大，而另一些情况对速度要求较高。

第2章
工业机器人机构学

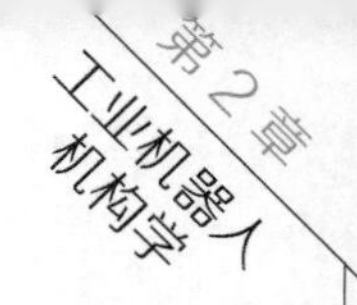

机器人是目前较为常用的一类机构，且类型十分丰富，既有传统的串联式关节型机器人（工业机器人的典型机构），又有多分支的并联机器人；既有刚体机器人，又有关节或肢体柔性的软体机器人。从机构的角度很难给出一个明确的机器人的定义。但从机构学的角度，则可将大多数机器人定义为由一组通过运动副连接而成的刚性连杆（即机构中的构件）构成的特殊机构。机器人的关节处装有驱动器，末端安装有末端执行器。根据结构特征的开、闭链形式，可将机器人分为串联机器人、并联机器人、混联机器人等。与串联机器人相比，并联机器人具有高刚度、大负载等优点，但工作空间相对较小、结构较为复杂。这也正与串联机器人形成互补，从而扩大了机器人的应用范围。

2.1 机构的识别——构件、运动副与运动链

2.1.1 构件

任何真实的机械系统都是由若干具体的零件组合而成的，零件是组成机械的基本单元。而构件则是组成机构的最小运动单元。在刚体结构中，有时为使被连接的构件间相互压紧，常常附加弹簧等弹性元件以保证机构正常工作，这使得弹簧并不能作为独立构件存在，而是属于机构中的附加元件。

2.1.2 运动副

为实现构件之间的相对运动，每个构件必须以一定的方式与另一构件相连接。两构件以一定的几何形状和尺寸的表面相互接触并能产生相对运动的活动连接成为运动副，相互接触的表面称为运动副元素。而对于不能产生相对运动的刚性连接则成为同一构件。运动副是组成机构的基本元素。两构件在没有运动副连接之前，它们之间的相对自由度数是 6；但构成运动副之后，其构件间的相对运动将受到一定程度的约束。也就是说，运动副每引入一个约束，构件便失去一个自由度。

根据运动副元素的接触形式，运动副可分为低副和高副：两构件为面接触时称为低副，为点、线接触时称为高副。根据构成运动副的两构件间的相对运动特性，运动副又可分为转动副、移动副、螺旋副等。在工业机器人领域，通常又称运动副为铰链或关节，其中转动副和移动副是构成串联机器人的最常见的两种运动副。

1）转动副（Revolute Joint，简写为 R）这是一种使两构件间发生相对转动的连接结构，它具有 1 个转动自由度，约束了刚体的其他 5 个运动。

2）移动副（Prismatic Joint，简写为 P）这是一种使两构件间发生相对移动的连接结构，它具有 1 个转动自由度，约束了刚体的其他 5 个运动。

2.1.3 运动链与机构

将构件通过运动副连接构成可相对运动的系统称为运动链。运动链中，如果将某一构件相对固定而成机架，让另一个或几个构件按给定运动规律相对于机架运动，这样所构成的运动链就变成了机构。机构中，按给定运动规律相对于机架独立运动的构件称为主动件，而其

余活动构件则称为从动件。注意：一个机构中只能有一个机架。

如果组成运动链或机构的每一构件与其他构件都有至少两条路径相连接（或均由至少两个构件与之连接），该链形成一个或几个封闭回路，则称为闭链或闭链机构；若每一构件与其他构件有且只有一条路径相连接，则称为开链或开链机构。此外，若运动链或机构中既含有开链又含有闭链，则称为混链或混链机构。开链机构中最为典型的是工业机器人，闭链机构中最为典型的是并联机器人。

2.2 串联机器人

串联式关节型机器人的主体一般采用空间开链机构，是完成机器人预定运动和动力要求的重要执行部分，因而也被称为机器人操作手或机器人机构。为使机器人机构能够实现复杂多变的运动，也为了方便对机器人运动进行调整和控制，机器人机构中的运动副大多采用单自由度的运动副——转动副和移动副。这样只需在每个关节处输入独立运动即可，如电动机的转动或液压缸、气缸输出的相对移动。下面介绍一些常见的串联式工业机器人。

1）示教再现型机器人。又称为 PUMA（Programmable Universal Machine for Assembly）机器人。1962 年由美国研制成功，并将其应用到通用电动机公司的工业生产装配线上，是工业机器人的标志（图 2-1）。

2）SCARA 机器人。SCARA 机器人是由日本学者牧野洋于 1981 年提出的，是 Selective-Compliance Assembly Robot Arm 的简称。SCARA 机器人（图 2-2）有 3 个旋转关节，其轴线相互平行，在平面内进行定位和定向。另一个关节是移动关节，用于完成末端件在垂直于平面的运动。如今 SCARA 机器人还广泛应用于塑料工业、汽车工业、电子产品工业、药品工业和食品工业等领域。它的主要作用是搬取零件和装配工作。它的第一个轴和第二个轴具有转动特性，第三个轴和第四个轴可以根据工作需要的不同，制成相应多种不同的形态，并且一个具有转动、另一个具有线性移动的特性。由于其具有特定的形状，决定了其工作范围类似于一个扇形区域。

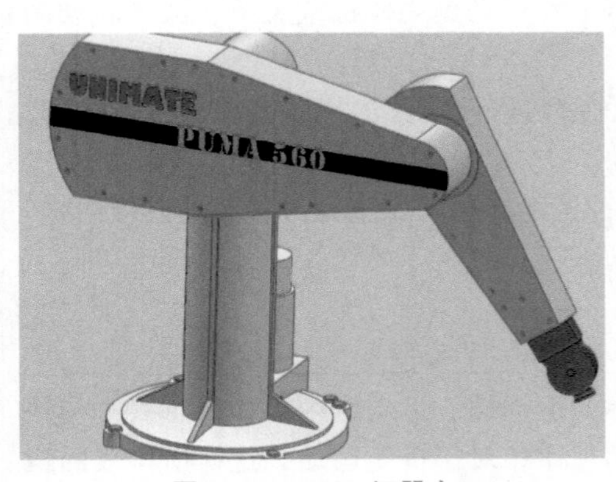

图 2-1 PUMA 机器人

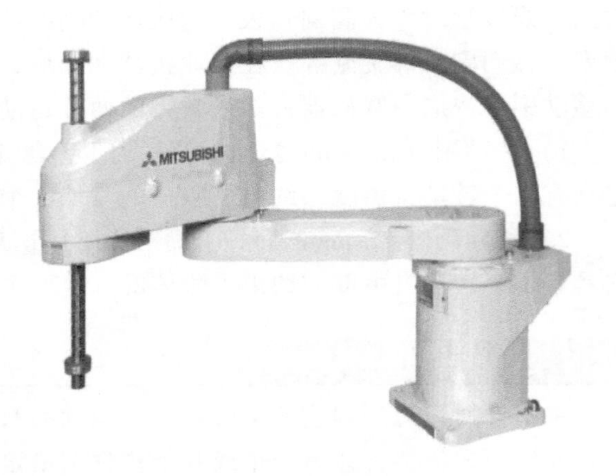

图 2-2 SCARA 机器人

如图 2-3 所示，这是一套利用 SCARA 机器人对特殊工件实现自动打磨的自动化集成系统。其动作顺序为：①人工将装满工件的料盘放入上料工位，通过手动按钮将料盘送入工作位；②人工将空料盘分别放入下料工位和成品排出位，并通过手动按钮将料盘送入工作位；③机器人自动拿取所需吸嘴；④机器人带动吸嘴来到上料工位，通过视觉系统定位工件坐标后将其吸起；⑤吸起后将工件放入检测工位进行检测；⑥机器人根据检测结果确定打磨的时间；⑦打磨后机器人将工件放入除尘工位进行除尘；⑧除尘结束后再次放入检测工位进行检测。

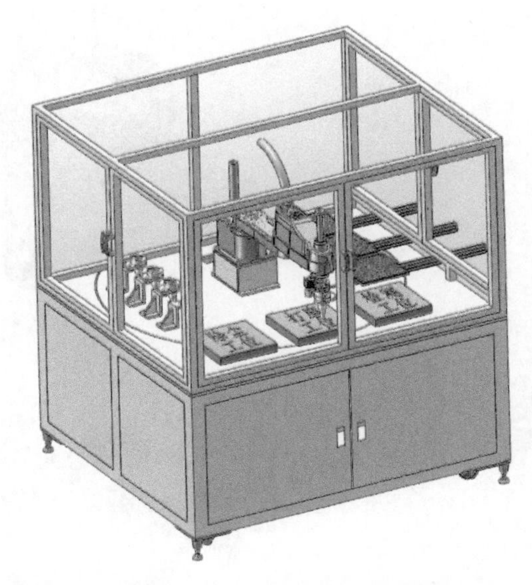

图 2-3 基于 SCARA 机器人的自动化集成系统

该自动化集成系统，尽管包含视觉等自动化设备，但其在机器人的选择上还是充分考虑了 SCARA 机器人适合在平面工作和末端机械手可以上下移动的特点。

3）KUKA、ABB、MOTOMAN、FANUC 机器人（图 2-4）。这四款机器人是当今世界知名品牌的工业机器人，其结构均为 6 自由度 RRRRRR 型。前 3 个关节完成类似臂的功能，用于定位；后 3 个关节完成类似于手的功能，用于调整姿态。

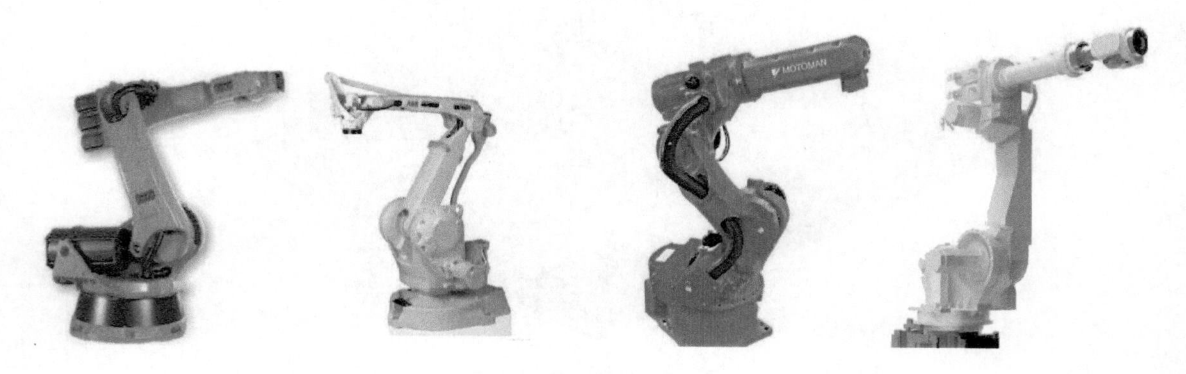

图 2-4 KUKA、ABB、MOTOMAN、FANUC 机器人

4）Grantry 机器人（图 2-5）。Grantry 机器人是一种桁架式的直角坐标机器人，可实现 3 位移动。该机器人可用于工业生产上的精密化装配作业，能提高作业效率。

如图 2-6 所示，这是一套综合利用 6 自由度机器人和直角坐标机器人对某系统实现自动装配的自动化集成系统。该系统利用 6 自由度机器人承担夹具更换、半成品搬运等功能，并配合变位机对工件进行实时装配。利用直角坐标机器人作为下料系统：装配完成后，通过龙门机械臂实现卫星总装的下料，将装配好的卫星总装搬运到拖运机构上。

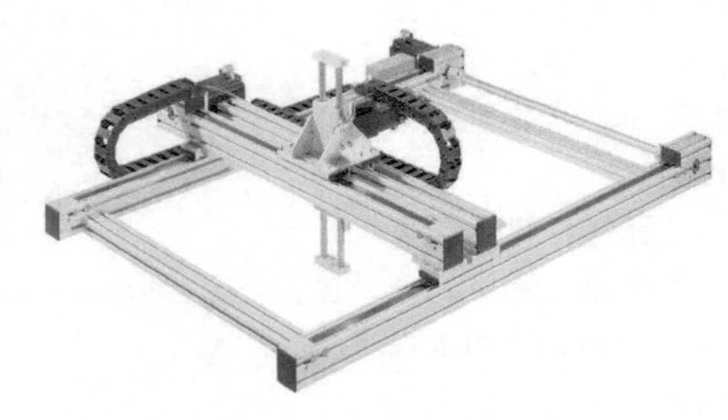

图 2-5　Grantry 机器人

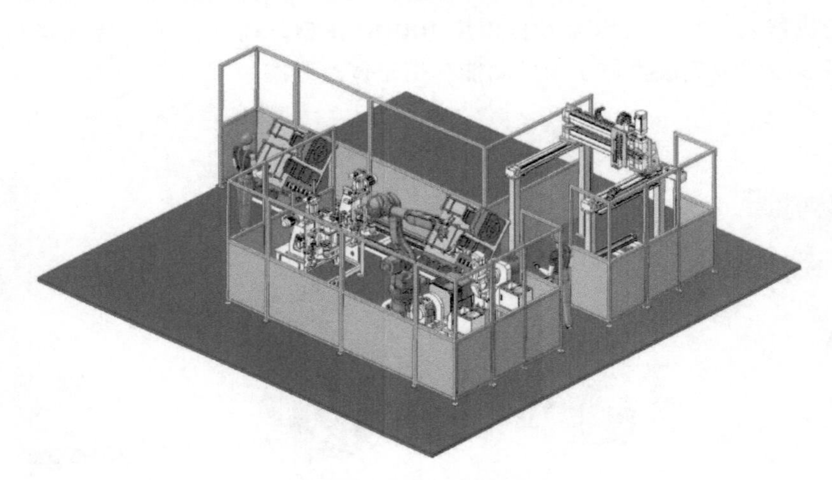

图 2-6　自动化集成系统

2.3　并联机器人

2.3.1　并联机器人的定义

通常，将使用并联机构作为其结构形式的机器人称为并联机器人。与“机器人”名词

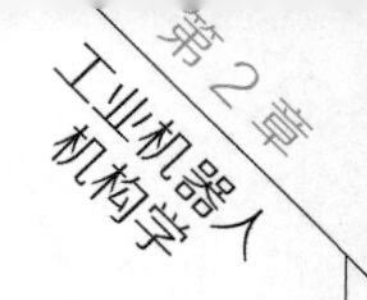

一样，并联机构没有正式的、统一的定义。1992年，日本机器人学会给出的定义为：所谓并联机构，是通过多个运动副和多个连杆组成的系统（运动链）分别将基座与输出（输出构件）并联连接起来的机构的总称。1998年，日本工业标准中，并联机器人被定义为“在基座与机械接口之间的机械结构中具有多个动力传递路径的机器人”。

我国机构学领域著名学者黄真教授将并联机器人机构定义为：定平台和动平台用2个或2个以上分支相连，机构具有2个或2个以上自由度，且以并联方式驱动的机构。它是一种多闭环机构，从机构学的角度出发，只要是多自由度的，驱动器分配在不同的环路上的并联多环机构都可称为并联机构。当各个分支具有相同的运动链时，称为结构对称的并联机构。反之为非对称的并联机构。

法国著名并联机构学者J. P. Merlet将并联机器人定义为泛化的和具体的两种。泛化的定义为：并联机器人为末端执行器与基座之间由若干个独立运动链相连的闭环运动链机构。具体的定义为：并联机器人由1个具有自由度为n的末端执行器，1个固定的基座，以及至少2条独立的连接两者的运动链所组成，通过n个简单的驱动器实现其运动。

为简单描述并联机构，多采用字母符号和数字组合命名的方式。其中，每个分支可用运动副组合来表示，并按照从基座到动平台的顺序排列。传统上，转动副标识为R，移动副标识为P，球副标识为S，虎克铰标识为U，驱动关节加下划线。例如：3-RPS并联机构，数字3表示该并联机构有3个相同的分支，字母RPS表示每个分支包含有R副、P副和S副。对于由不同分支组成的并联机构，若由3个相同的UPS分支和1个UP分支构成，则组成的并联机构可用3-UPS/1-UP来描述。

2.3.2 并联机器人的特点

为弥补串联机器人的不足，一些学者逐步尝试研究新的机器人构型。与串联开环结构不同，并联机构本身具有多环路封闭的结构。并联机器人和传统的工业用串联机器人在应用上构成互补关系，并联机器人拓展了机器人的应用领域。此外，并联机器人在复杂曲面精密加工、航天器对接等领域有其独特的应用。与串联机器人相比，并联机器人具有如下特点：

1）结构紧凑，累积误差小，精度较高。从机构学角度看，多条运动支链同时操作动平台上的末端执行器，定平台与末端执行器之间关节少，各个运动支链形成几个闭环结构，使得结构整体既紧凑又稳定，还能抵消关节的累积误差。

2）刚度高，承载能力大。并联机器人结构中大多数的运动部件只承受轴向力，与串联的悬臂梁相比刚度更大。和串联机器人比，在相同自重或体积情况下，有更高的承载力。

3）驱动装置可置于定平台或接近定平台的位置，因此机器人的运动部件运动负荷小，能有效改善系统的动态特性，使得末端执行器速度高、动态响应好。

4）可采用对称布局结构，完全对称的并联机构具有较好的各向同性。

5）在位置求解上，并联机器人运动学反解容易，正解困难，与串联机器人恰好相反，两者形成有益补充。在静力学中，并联机构的正向力学求解容易，即通过各支链杆件的输入力求动平台的输出力时，可以直接通过矩阵运算较容易地求得，反向求解则需要花费比较大的计算量。此时，与串联机构之间存在对偶性。

6）技术附加值高。并联机器人具有硬件结构简单、控制软件复杂的特点，是一种典型的技术附加值高的机电产品。

此外，并联机器人也存在一些缺点，如相对串联机器人工作空间较小，工作空间内容易存在奇异位形，动平台灵活性较差等。这些缺点限制了并联机器人在某些领域的应用，但是当操作任务对工作空间和灵活性要求较低，而需要高刚度、高精度或者大载荷且无须很大工作空间时，并联机器人得到了广泛应用。

由不同构型组成的并联机器人，其自由度可能相同也可能不同，自由度往往描述的是动平台的运动输出。因此，对并联机构可按照动平台的自由度数进行分类。以下部分将分别从平面机器人和空间机器人大类，按照动平台自由度增加的顺序，介绍几种具有代表性的并联机器人构型。

2.3.3 平面并联机器人

并联机器人主要分为两种情形：平面机器人（平面上 3 个自由度）和不只在一个平面内运动的空间机器人。下面主要介绍 3 自由度并联机器人。

平面内的并联机器人动平台受控的 3 个自由度包括平面内沿 x 轴和 y 轴的两个平移自由度和围绕垂直于平面的 z 轴的一个旋转自由度。本书主要介绍全并联机器人构型，即拥有 3 个独立的运动学分支，并且分别由 3 个驱动器驱动。由于每个分支都必须与基座和动平台相连接，故基座和动平台都有 3 个连接点。每个独立的运动学分支包含由关节连接的两个刚体，一共包含 3 个关节。

如前所述，按照由基座到动平台的顺序来描述 3 个关节，常见的 3 自由度平面并联机构构型的分支如下：RRR，RPR，RRP，RPP，PRR，PPR，PRP，如图 2-7 所示。

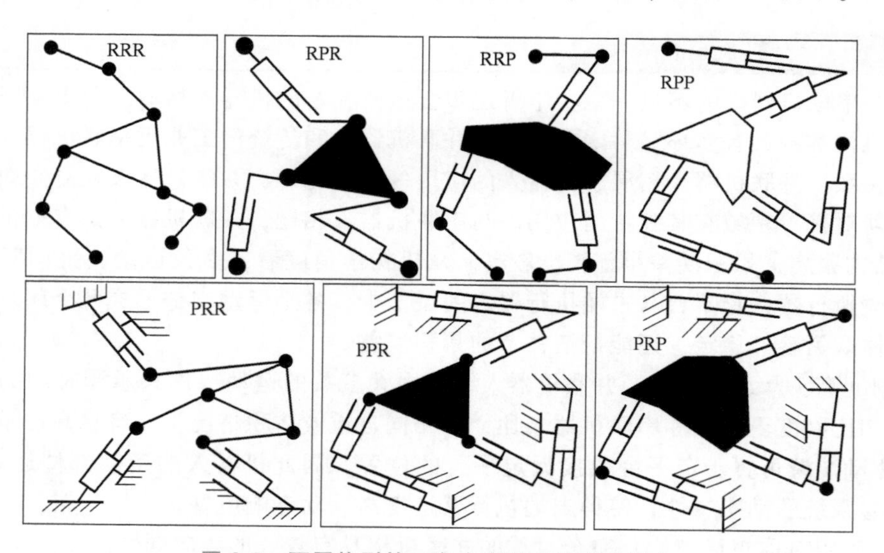

图 2-7　不同构型的 3 自由度平面并联机器人

由于每个分支 3 个关节中的任意一个关节都可以作为驱动，因此此处未特别指定驱动关节。在实际应用中，为了减轻动平台重量，获得较好的动力学性能，通常避免将驱动器放置在动平台上。此外，根据机器人构型的相关理论，也可以构建分支类型不同的并联机器人。

目前，对于具有转动 R 关节和移动 P 关节的 3 自由度平面并联机器人已经有了较深入的研究。为了避免机器人的奇异位形，相关学者还开展了冗余驱动并联机器人的研究。

2.3.4 空间并联机器人

空间并联机器人种类繁多，不可能介绍所有机器人的构型。本节按照动平台自由度减小的顺序，选择几种具有代表性的并联机器人构型加以介绍。

1. 6自由度并联机器人

最早出现的并联机构就是著名的6自由度Gough-Stewart平台机构（6-SPS机构），如图2-8所示。1949年，Gough提出用一种并联装置来检测轮胎，这是将并联机构真正用于实际应用的机械装置。1965年英国高级工程师Stewart提出将此并联机构（6-SPS机构）用在飞行模拟器中。此后，并联机构得到国际学术界和工程界的广泛关注，并逐渐成为机构学和先进制造领域的研究热点。

但是对于Stewart并联机构来说，考虑到它的上下平台常有不同数目的球铰，有时用两位数字表示，如3/6-Stewart，表示上平台是三角形，下平台是六边形。若采用复合球铰（Compound Spherical Joint，CSJ），如图2-9所示，则该机构可以演变成运动平台和固定平台都是三角形的6-SPS双三角机构（图2-10），或6-SPS单三角机构（图2-11）。就运动分析方面来说，这种机构要比图2-8所示的Gough-Stewart平台机构简单得多。

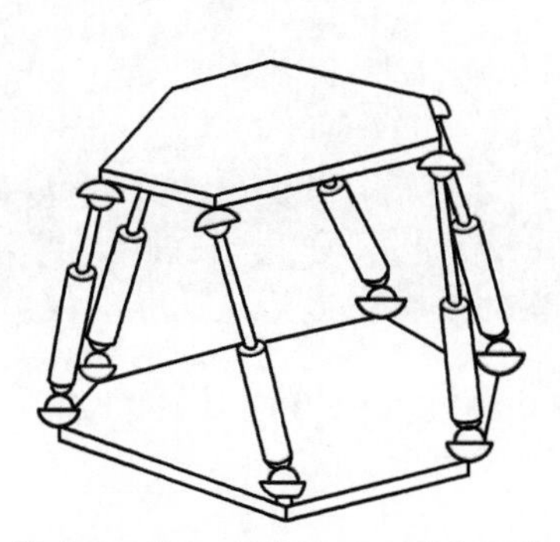

图2-8 Gough-Stewart平台机构

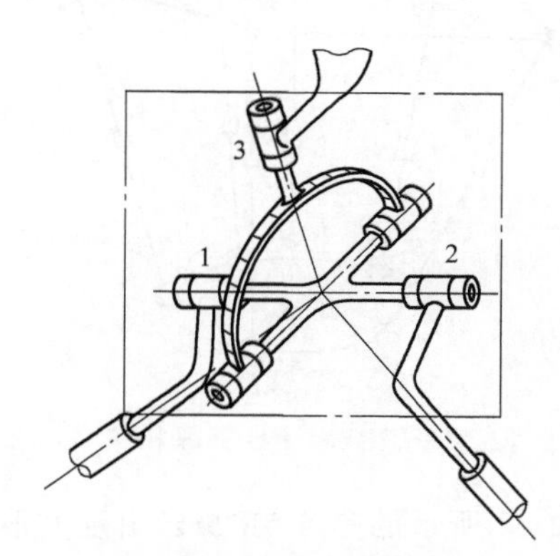

图2-9 一种复合球铰的结构

最常应用的构型还有UPS支链，6-UPS机器人被众多实验室应用于建造原型机。此外，还有PUS支链、RUS支链等构型。

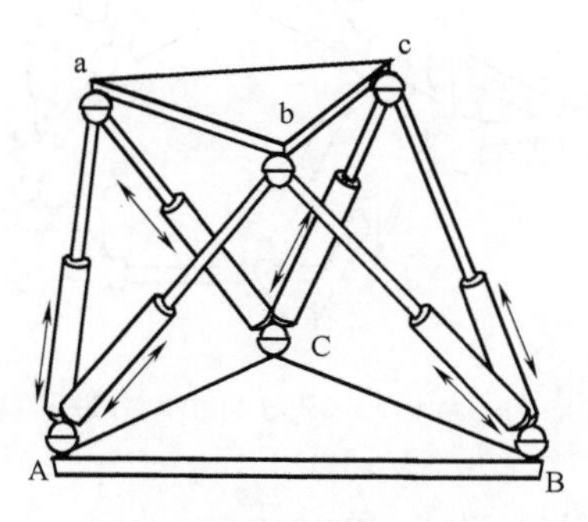

图2-10 6-SPS双三角机构

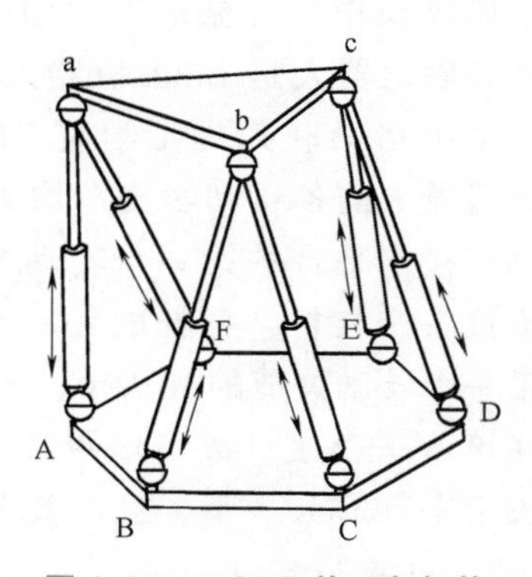

图2-11 6-SPS单三角机构

2. 5 自由度并联机器人

5 自由度机器人必须采用被动约束机构、特殊的几何形状或特殊设计实现。在实际机械加工中，由于主轴的旋转提供了一个自由度，机床并不需要严格的 6 个自由度构型，因而 5 自由度并联机构常应用于机床行业中，称为 5 自由度并联机床或五轴加工中心。

图 2-12 所示的是燕山大学赵永生教授等人发明的 5 自由度 5-UPS/PRPU 并联机构。定平台通过 5 个结构完全相同的 UPS 支链以及 1 个 PRPU 支链与动平台相连接，通过控制 5 个 UPS 支链中移动副的伸缩来控制动平台的位姿。中间的 PRPU 分支为约束支链，限制动平台绕其自身法线的转动自由度，使机构动平台的自由度数为 5（三维移动，二维转动）。燕山大学于 2003 年完成了 5-UPS/PRPU 并联机床的研制，可实现五轴联动切削加工，如图 2-13 所示。

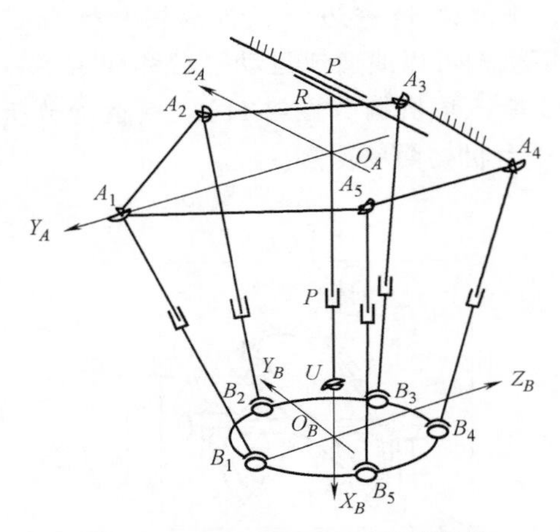

图 2-12　5-UPS/PRPU 并联机构

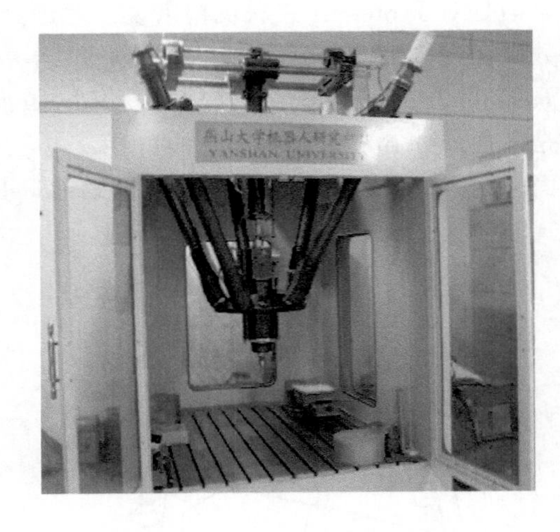

图 2-13　5-UPS/PRPU 并联机床

图 2-14 所示的是 5-5R 5 自由度并联机构，它是一个完全对称的并联机构。

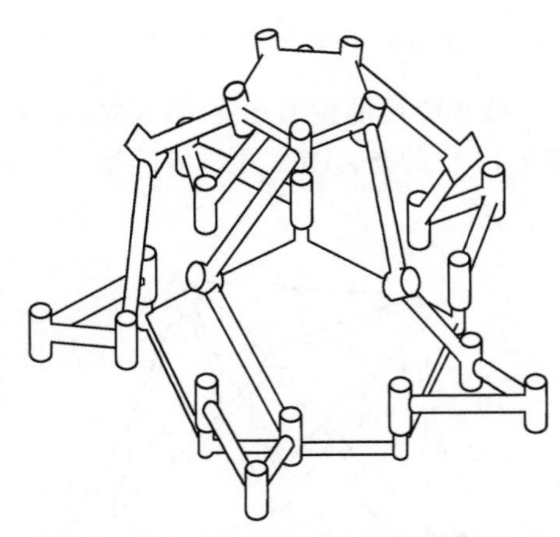

图 2-14　5-5R 5 自由度并联机构

3. 3 自由度并联机器人

研究已经证明具有 3 自由度平移的机器人非常适用于抓取操作和机械加工方面。最著名的 3 自由度平移并联机器人是 Delta 机器人，如图 2-15 所示。它最初是由洛桑联邦理工学院 EPFL 的 Clavel 研制的。该机器人的各运动学支链均为 RRP_aR 型。电动机驱动连接定平台的第一个转动关节 R 旋转，该关节上连接一个杠杆，杠杆的另一端连接一个轴线平行于第一个转动关节的 R 关节。平行四边形 P_a 一端固定在该 R 关节上，另一端再连接一个轴线与前面转动关节平行的 R 关节，且该 R 关节与动平台相连。

Delta 机器人由 Demaurex 公司和 ABB 公司推向市场，称为 IRB340 FlexPicker。目前，Delta 机器人已经被大量用于各种场合。

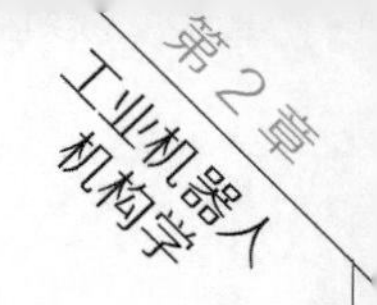

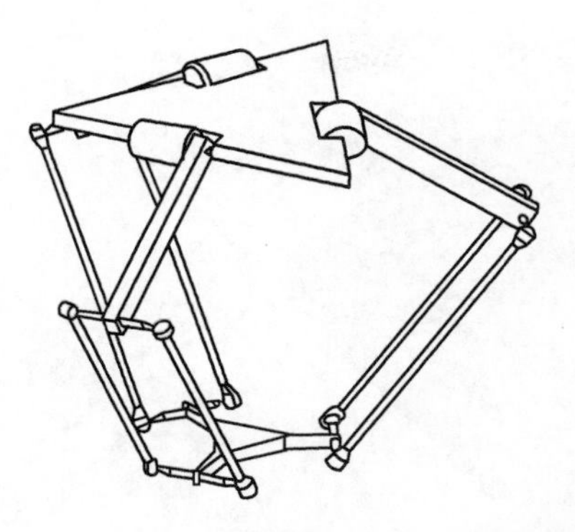

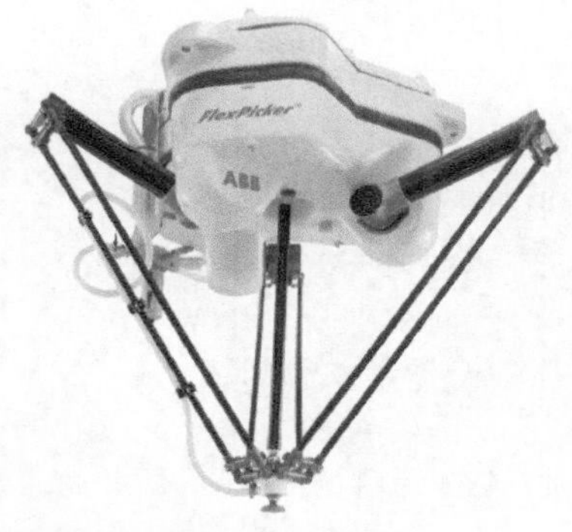

图 2-15　3 自由度平移并联机构与 Delta 机器人

3 自由度的 3-RPS 并联机构如图 2-16 所示，其由 3 个 RPS 支链连接运动平台和固定平台组成；机构的各分支结构是对称的。该并联机构具有分别绕 x、y 轴旋转和沿 z 轴平移这 3 个自由度。

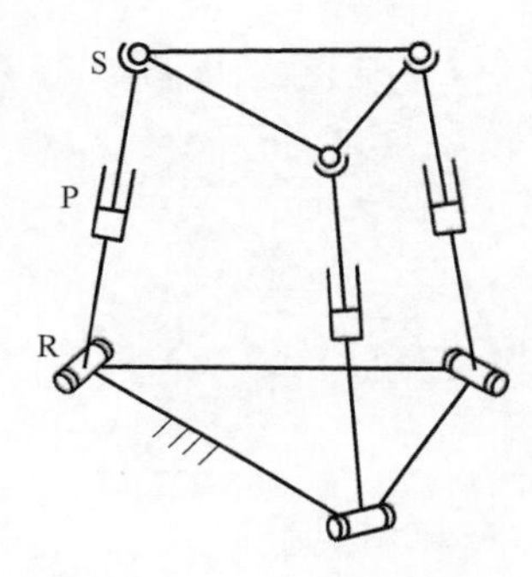

图 2-16　3-RPS 并联机构

另一个具有代表性的 3 自由度机器人是瑞典的 Tricept 机器人（图 2-17）。该机构的末端执行器有一根可沿轴线自由移动的杆。该杆通过联轴器连接到基座，从而禁止杆绕轴旋转；3 个 UPS 型的支链作用在末端执行器。Tricept 机器人是被动机构约束末端执行器中 3 个平移自由度机器人的代表，属于非对称的并联机构。非对称的并联机构是并联机构中有很重要应用意义的一类，近年来发展很快，国内外都提出一些典型的机型。除 Tricept 机器人外，还有天津大学的 Trivariant 机器人，如图 2-18 所示。该构型保持 Tricept 机器人中的 UP 支链提供约束的功能不变，而将一线性驱动单元集成到该 UP 支链中使其由被动约束变为主动驱动支链，则可省去一条 UPS 支链，变成 2-UPS/1-UP 构型，从而使 Tricept 机器人演化成 Trivariant 机器人。

图 2-17　Tricept 机器人

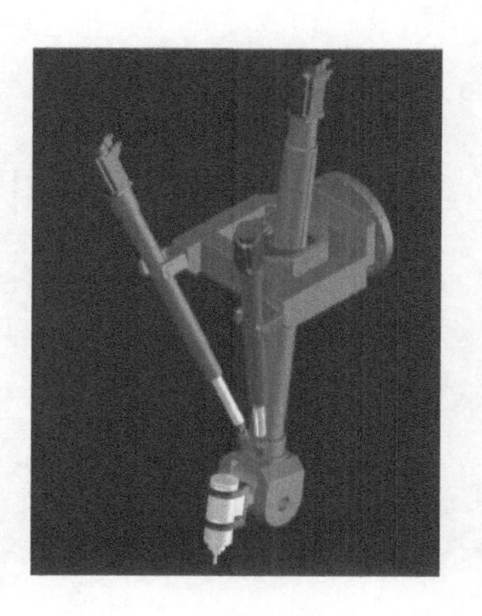

图 2-18　Trivariant 机器人

第3章

工业机器人的主体机械结构

工业机器人的形态各异，主体机械结构部分的设计是工业机器人设计的重要组成部分，其他系统的设计应有其各自的要求，但必须与机械系统相匹配，相辅相成，组成一个完整的工业机器人系统。工业机器人在不同应用领域中的推广普及，使用要求成为其机械系统设计的出发点。

工业机器人的机械结构部分主要包括手部结构、腕部结构、机身和臂部结构等。

3.1 手部结构

3.1.1 概述

工业机器人的手部（Hand）也称为末端操作器（End Effector），是重要的执行机构，它是装在工业机器人手腕上用来直接抓握工件或执行作业的部件。人的手有两种含义：第一种含义是医学上把包括上臂、手腕在内的整体称为手；第二种含义是把手掌和手指部分称为手。人手不但能够以各种姿势抓取不同形状和大小的物体，而且能够灵巧地抓住目标物体并进行各种操作。例如，通过一定程度的训练，一个人可以用手操作棒状物进行杂要、转笔或者对较小的物体进行需要良好控制的精确操作。显然，仅能够实现简单的张开与闭合动作的抓持器不可能做到上面所提到的各种高难度动作。此外，人手不仅能够抓持物体并对其进行各种操作，还对物体的表面情况、温度和重量等特点具有感知能力。现在，工业机器人的手部接近于人手的第二种含义，已经具备了人手的许多功能。

工业机器人手部的结构形式很多，大部分是按工作要求和物件形状而特定设计的，其自由度根据具体的需要而定。如简单夹持器只有一个自由度，使两根手指能开合即可。若要模拟人手五指的运动，是非一般机器人技术所能实现的。工业机器人各种手部的工作原理不同，结构形式各异，常用的手部按抓持物件的方式不同可分为夹持类和吸附类。夹持类手部又可细分为夹钳式、勾托式、弹簧式等；吸附类手部又可分为气吸式和磁吸式等。

工业机器人手部的特点主要有：

1）手部与腕部相连处可进行拆卸。手部与腕部有机械接口，也可能有电、气、液接头，可以方便地进行拆卸和更换。

2）手部是工业机器人末端操作器。它可以像人手那样具有手指，也可以是进行专业作业的工具，如喷漆枪、焊接工具等。

3）手部的通用性比较差。工业机器人手部通常是专用的装置。例如，一种手爪往往只能抓握一种或几种在形状、尺寸、重量等方面相近似的工件；一种工具只能执行一种作业任务等。

4）手部是一个独立的部件。如果把手腕归属于手臂，那么工业机器人机械系统的3大件就是机身、手臂和手部（末端操作器）。手部对于整个工业机器人来说是完成作业好坏、作业柔性好坏的关键部件之一。现在，具有复杂感知能力的智能化手爪的出现，增加了工业机器人作业的灵活性和可靠性。

工业机器人手部的分类主要有：

1）按用途分。根据工业机器人手部的用途，一般可以分为手爪和工具两大类，其中手爪具有一定的通用性，可以抓住、握持、释放工件等（图3-1）；而工具则专门进行某种作业，如喷枪、焊具等（图3-2）。

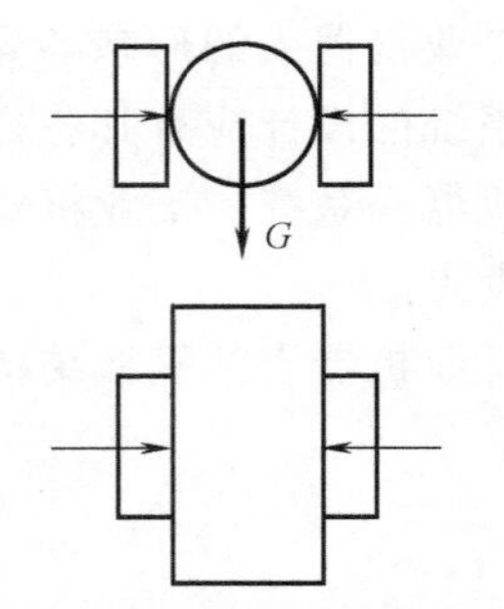

图 3-1 平面手爪夹持圆柱零件

2）按夹持原理分。根据工业机器人手部的夹持原理，一般可以分为手指式和吸盘式两大类，其中根据手指数目又可以分为二相手部、多相手部；根据手指关节数目又可以分为单关节手指手部、多关节手指手部；根据吸盘数目又可以分为单吸盘式手部、多吸盘式手部等。

3）按智能化分。根据工业机器人手部的智能程度可以分为普通式手部（无传感器）、智能式手部（有传感器）等。

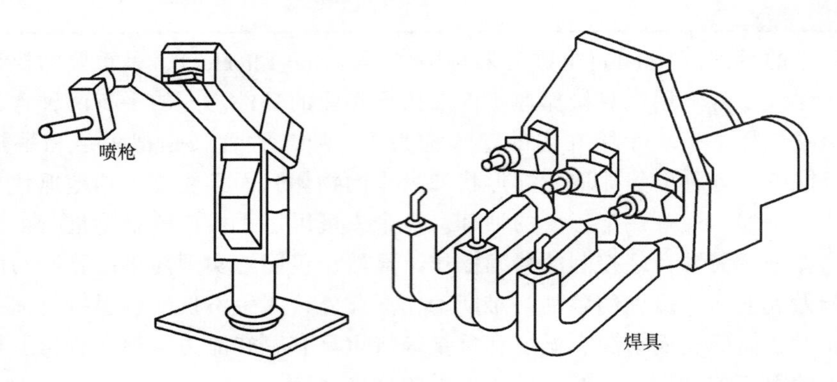

图 3-2 专用工具

3.1.2 钳爪式手部

钳爪式手部与人手相似，是工业机器人广为应用的一种手部形式。它一般由手指（手爪）和驱动机构、传动机构及连接与支承元件组成，如图3-3所示，并能通过手爪的开闭动作实现对工件或工具的夹持。

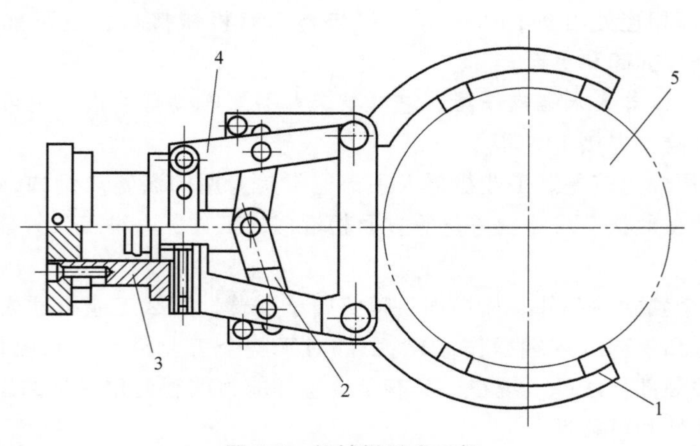

图 3-3 机械钳爪式手部

1—手指 2—传动机构 3—驱动机构 4—支架 5—工件

钳爪式手部按照夹取方式的不同，可分为内撑式和外夹式两种，如图 3-4 所示。内撑钳爪式手部和外夹钳爪式手部的主要区别在于夹持工件或工具的部位不同，夹持时手部动作的方向相反。其他型式的钳爪结构如图 3-5～图 3-10 所示。

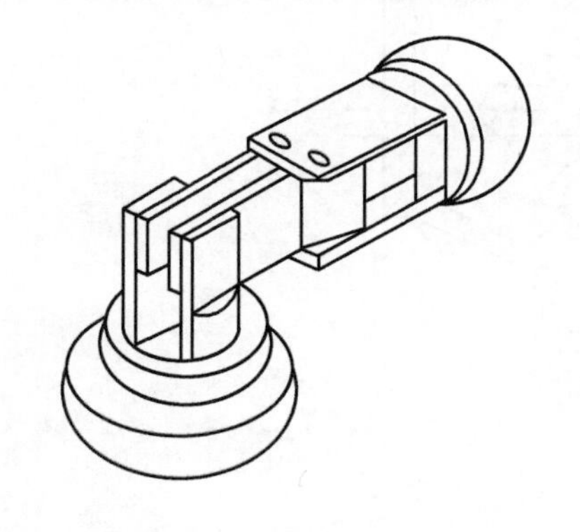

内撑钳爪式手部

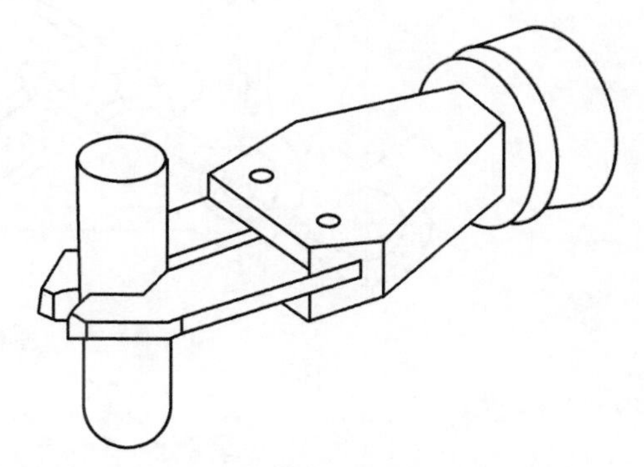

外夹钳爪式手部

图 3-4　钳爪式手部的夹取方式

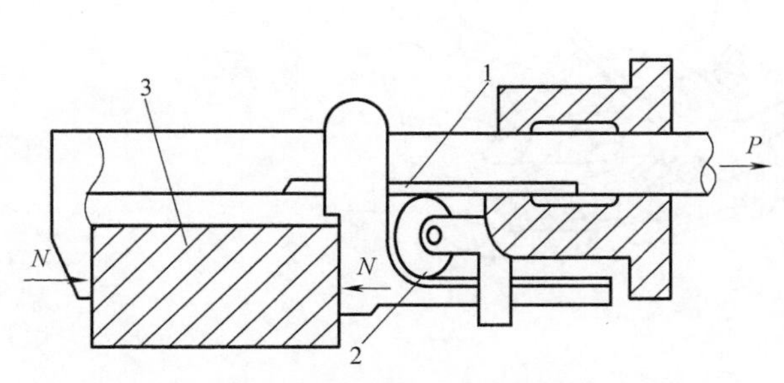

图 3-5　齿轮齿条移动式钳爪

1—齿条　2—齿轮　3—工件

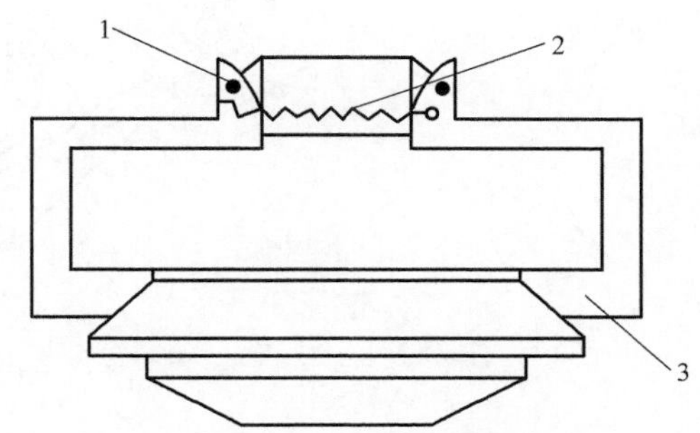

图 3-6　重力式钳爪

1—销　2—弹簧　3—钳爪

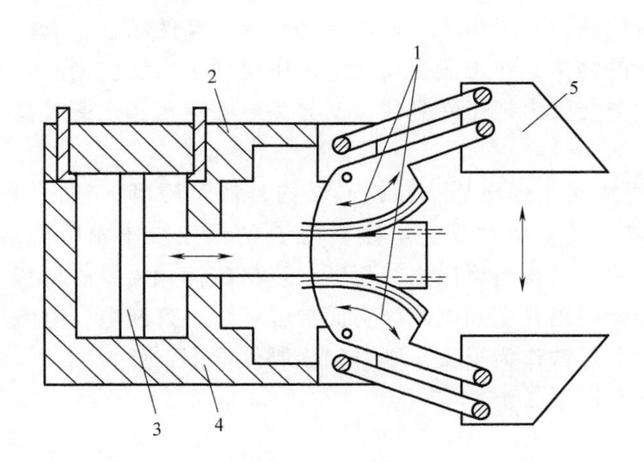

图 3-7　平行连杆式钳爪

1—扇形齿轮　2—齿轮　3—活塞　4—液压（气）缸　5—钳爪

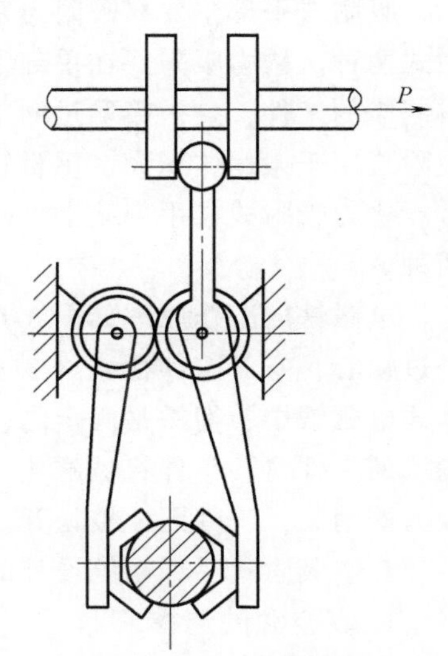

图 3-8　拔杆杠杆式钳爪

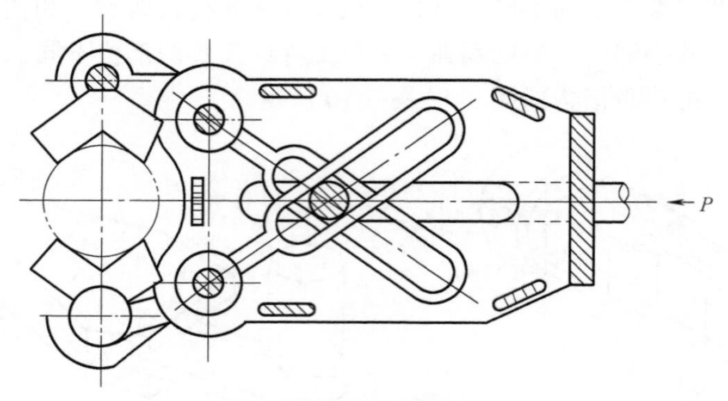

图 3-9　自动调整式钳爪

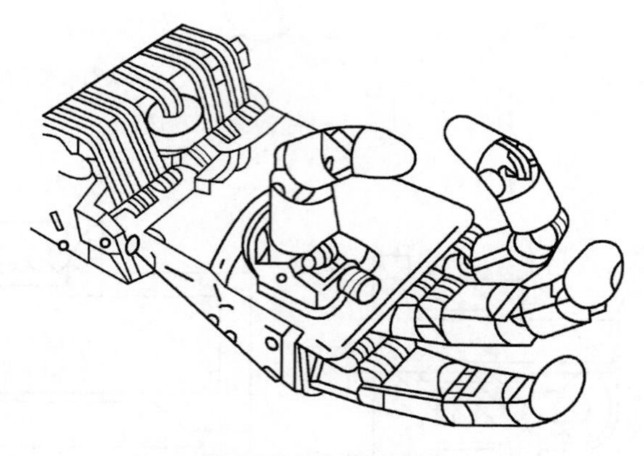

图 3-10　多指式钳爪

3.1.3　吸附式手部

吸附式手部主要靠吸附力来控制工件，根据吸附力的不同可以分为磁力吸附式和真空吸附式两种。磁力吸附式在手部上安装电磁铁，通过磁场吸力把工件吸住。只能吸住由铁磁材料制成的工件，且被吸取过的工件上会有剩磁，只适用于工件对磁性要求不高的场合。真空吸附式用于搬运体积大、重量轻、易碎等的物体，在工业自动化生产中得到了广泛应用。

磁力吸附式在手部装上电磁铁，通过磁场吸力把工件吸住，又分为电磁吸盘和永磁吸盘两种。

电磁铁的工作原理如图 3-11 所示，当线圈 1 通电后，在铁心 2 内外产生磁场，磁力线经过铁心，空气隙和衔铁 3 被磁化并形成回路，衔铁受到电磁吸力 F 的作用被牢牢吸住。盘式电磁铁中，衔铁是固定的，在衔铁内用隔磁材料将磁力线切断，当衔铁接触由铁磁材料制成的工件时，工件将被磁化，形成磁力线回路并受到电磁吸力而被吸住。一旦断电，电磁吸力即消失，工件因此被松开。若采用永久磁铁作为吸盘，则必须强制性取下工件。

真空吸附式手部系统设计的关键问题有以下 3 个：

1. 真空源的选择

真空源是真空系统的“心脏”部分，分为真空泵和真空发生器。

真空泵是比较常用的真空源，其结构和工作原理与空气压缩机相似，不同的是真空泵的

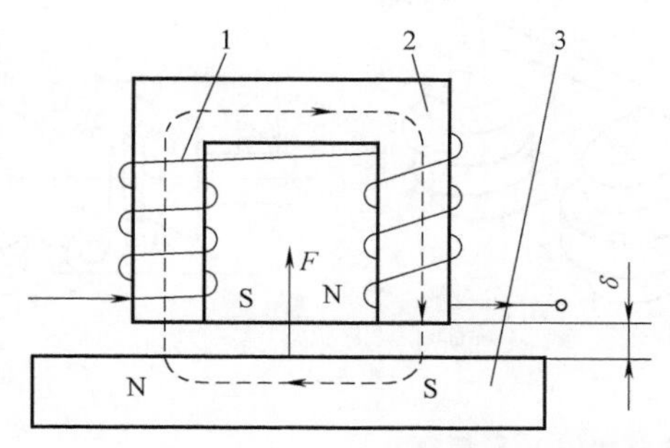

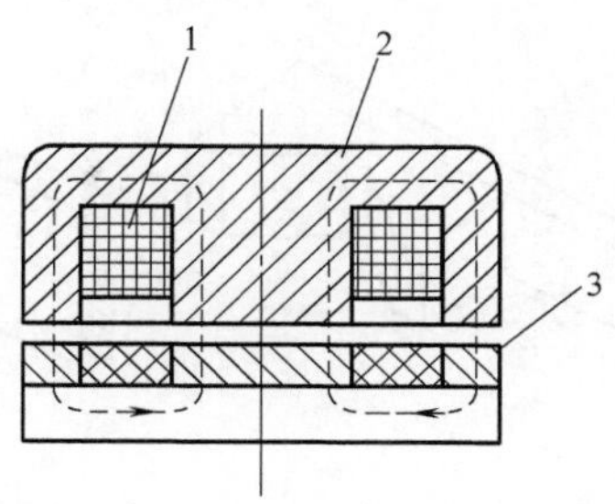

图 3-11　电磁铁的工作原理

1—线圈　2—铁心　3—衔铁

进气口是负压，排气口是大气压。

真空发生器是一种新型真空源，以压缩空气为动力源，利用在文丘里管中流动、喷射的高速气体对周围气体的卷吸作用来产生真空。

2. 吸盘的结构

吸盘按结构可分为普通型与特殊型两大类。

普通型吸盘一般用来吸附表面光滑平整的工件。普通型吸盘橡胶部分的形状一般为碗状。吸盘的形状可分为长方形、圆形和圆弧形。

特殊型吸盘是为了满足特殊应用场合而专门设计的。

3. 吸盘的吸附能力

真空吸附技术以大气压为作用力，通过真空源抽出一定量的气体分子，使吸盘与工件形成的密闭容积内压力降低，从而使吸盘的内外形成压力差。在这个压力差的作用下，吸盘被压向工件，从而把工件吸起。

所产生的吸盘力为

$$W=\frac{pA}{f}\times 1.778\times 10^{-4}$$

式中　W——吸附力（N）；

p——吸盘内真空度（Pa）；

A——吸盘的有效吸附面积（m^2）；

f——安全系数。

3.1.4　钳爪式手部的设计

一般工业机器人的钳爪式手部主要由以下 3 部分组成：

1. 手指

手指是工业机器人直接与工件进行接触的部件。手部松开和夹紧工件，就是通过手指的张开与闭合来实现的。工业机器人的手部一般有两个手指，也有 3 个或多个手指，其结构形式常取决于被夹持工件的形状和特性。

指端的形状通常有两类：V 形指和平面指。图 3-12 所示为 3 种 V 形指端的形状图，用于夹持圆柱形的工件或工具。

图 3-13 所示为钳爪式手部的指端，一般用于夹持方形工件（具有两个平行平面），板形

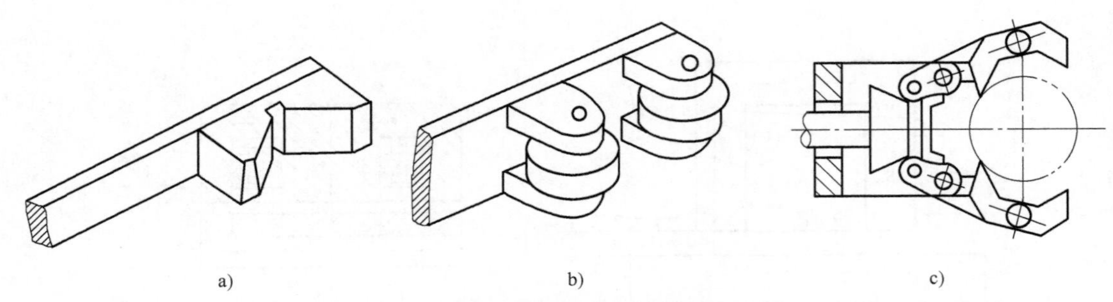

图 3-12　3 种形状的 V 形指端

a）固定 V 形　b）滚柱 V 形　c）自定位式 V 形

或细小棒料。另外，尖指和薄、长指一般用于夹持小型或柔性工件。其中，薄指一般用于夹持位于狭窄工作场地的细小工件，以避免和周围障碍物相碰；长指一般用于夹持炽热的工件，以免热辐射对手部传动机构造成影响。

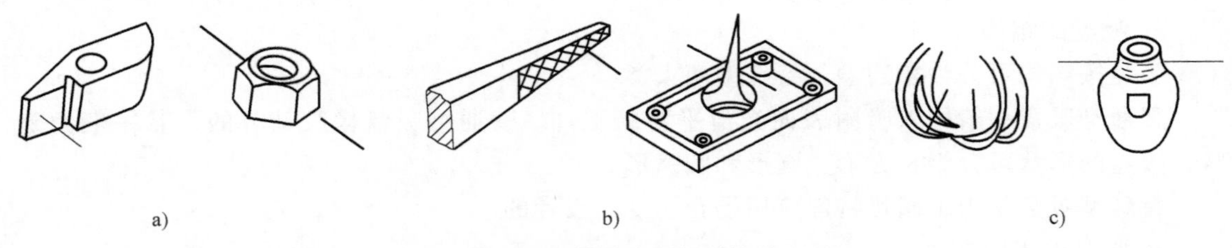

图 3-13　钳爪式手部的指端

a）平面指　b）尖指　c）特型指

指面的形状常有光滑指面、齿形指面和柔性指面等。光滑指面平整光滑，用来夹持已加工表面，避免已加工表面受损。齿形指面刻有齿纹，可增加夹持工件的摩擦力，以确保夹紧牢靠，多用来夹持表面粗糙的毛坯或半成品。柔性指面内镶橡胶、泡沫、石棉等物，有增加摩擦力、保护工件表面、隔热等作用，一般用于夹持已加工表面、炽热件，也适于夹持薄壁件和脆性工件。

2. 传动机构

传动机构是向手指传递运动和动力，以实现夹紧和松开动作的机构。该机构根据手指开合的动作特点分为回转型和平移型。回转型又分为一支点回转和多支点回转。根据手爪夹紧是摆动还是平动，又可分为摆动回转型和平动回转型。

（1）回转型传动机构　夹钳式手部中较多的是回转型手部，其手指就是一对杠杆，一般再同斜楔、滑槽、连杆、齿轮、蜗轮蜗杆或螺杆等机构组成复合式杠杆传动机构，用以改变传动比和运动方向等。

图 3-14 所示为单作用斜楔式回转型手部简图。斜楔向下运动，克服弹簧拉力，使杠杆手指装着滚子的一端向外撑开，从而夹紧工件；斜楔向上移动，则在弹簧拉力作用下使手指松开。手指与斜楔通过滚子接触可以减少摩擦力，提高机械效率（图 3-14a）。有时为了简化，也可让手指与斜楔直接接触。也有如图 3-14b 所示的结构。

图 3-15 所示为滑槽式杠杆回转型手部简图，杠杆形手指 4 的一端装有 V 形指 5，另一端则开有长滑槽。驱动杆 1 上的圆柱销 2 套在滑槽内，当驱动杆同圆柱销一起做往复运动时，

即可拨动两根手指各绕其支点（铰销 3）做相对回转运动，从而实现手指的夹紧与松开动作。

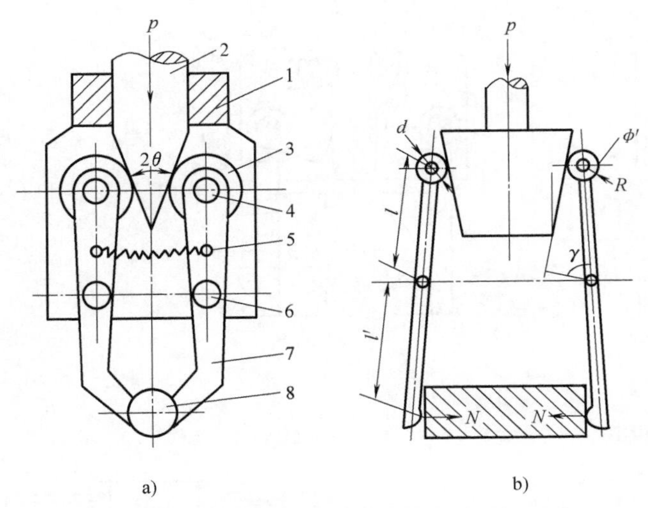

图 3-14　单作用斜楔式回转型手部简图

1—壳体　2—斜楔驱动杆　3—滚子　4—圆柱销　5—拉簧　6—铰销　7—手指　8—工件

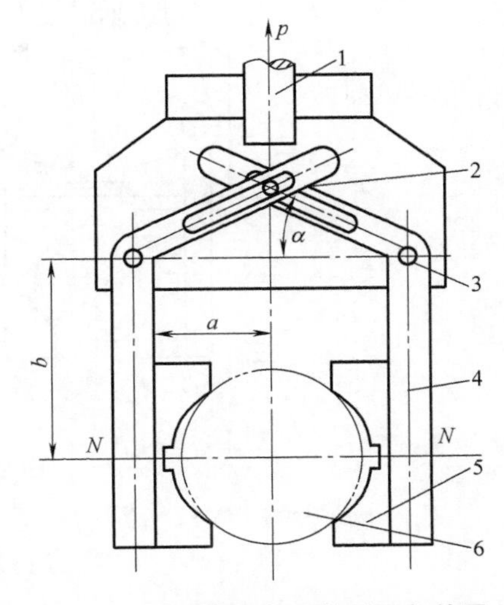

图 3-15　滑槽式杠杆回转型手部简图

1—驱动杆　2—圆柱销　3—铰销　4—手指　5—V 形指　6—工件

图 3-16 所示为双支点连杆杠杆式手部简图。驱动杆 2 末端与连杆 4 由铰销 3 铰接，当驱动杆 2 做直线往复运动时，通过连杆推动两根手指各绕其支点做回转运动，从而使手指松开或闭合。

图 3-17 所示为齿轮杠杆式手部的结构。驱动杆 2 末端制成双面齿条，与扇形齿轮 4 相啮合，而扇形齿轮 4 与手指 5 固连在一起，可绕支点回转。驱动力推动齿条做直线往复运动，即可带动扇形齿轮回转，从而使手指松开或闭合。

（2）平移型传动机构　平移型夹钳式手部是通过手指的指面做直线往复运动或平面移动来实现张开或闭合动作的，常用于夹持具有平行平面的工件（如冰箱等）。其结构较复杂，不如回转型手部应用广泛。

1）直线往复移动机构。实现直线往复移动的机构很多，常用的斜楔传动、齿轮齿条传动、螺旋传动等均可用于手部结构。图 3-18 所示为直线平移型手部，它们既可以是双指型的，也可以是三指（或多指）型的；既可以自动定心，也可以非自动定心。

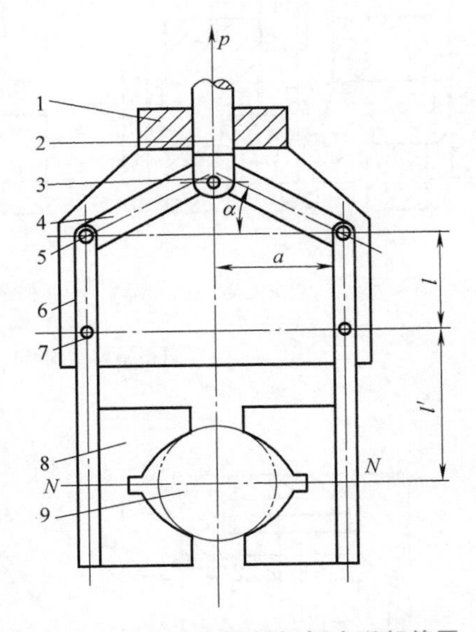

图 3-16　双支点连杆杠杆式手部简图

1—壳体　2—驱动杆　3—铰销　4—连杆　5、7—圆柱销　6—手指　8—V 形指　9—工件

2）平面平行移动机构。图 3-19 所示为几种平面平行平移型夹钳式手部的简图。它们的共同点是：都采用平行四边形的铰链机构——双曲柄铰链四连杆机构，以实现手指平移。其差别在于分别采用齿轮齿条、蜗轮蜗杆、连杆斜滑槽的传动方法。

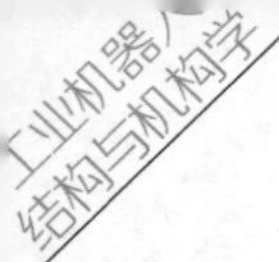

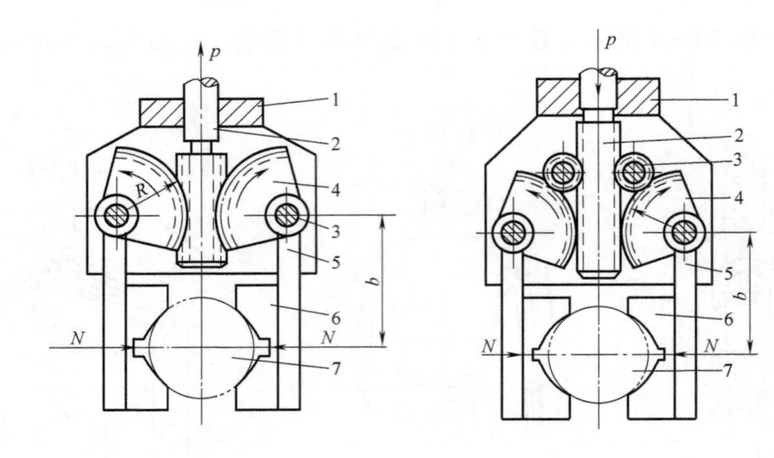

图 3-17　齿轮杠杆式手部结构

1—壳体　2—驱动杆　3—中间齿轮　4—扇形齿轮　5—手指　6—V 形指　7—工件

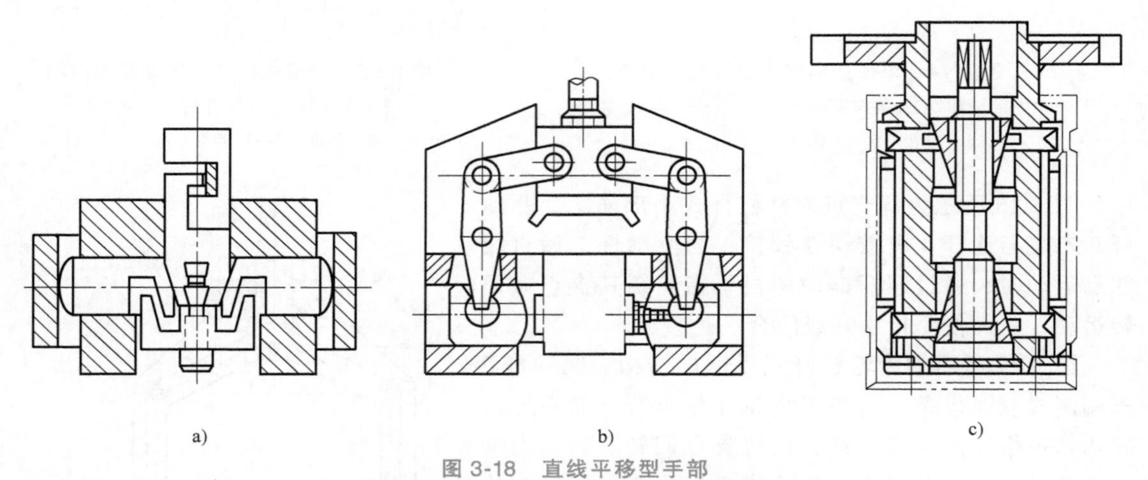

图 3-18　直线平移型手部

a）斜楔平移结构　b）连杆杠杆平移结构　c）螺旋斜楔平移结构

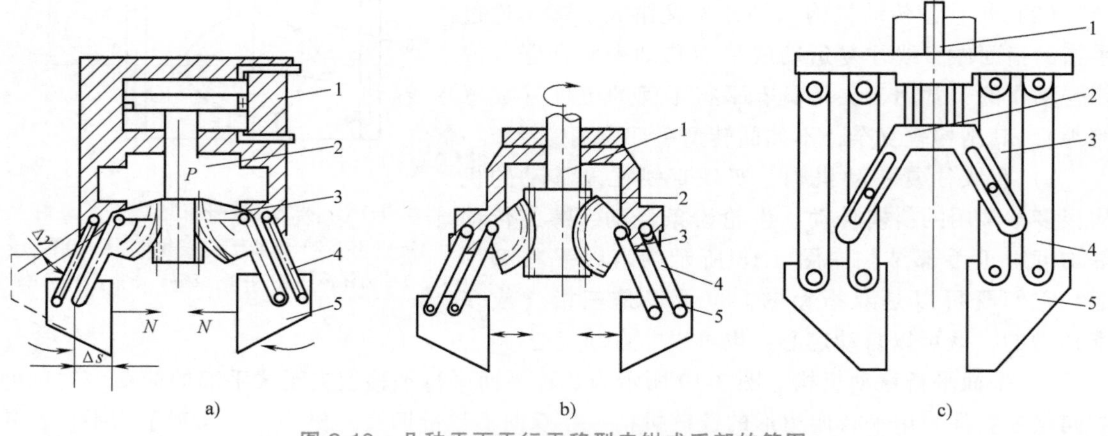

图 3-19　几种平面平行平移型夹钳式手部的简图

1—驱动器　2—驱动元件　3—驱动摇杆　4—从动摇杆　5—手指

3.1.5 吸附式手部的设计

1. 气吸附式取料手

气吸式手部是工业机器人常用的一种吸持工件的装置。它由吸盘（一个或几个）、吸盘架及进排气系统组成，具有结构简单、重量轻、使用方便可靠等优点。广泛应用于非金属材料（如板材、纸张、玻璃等物体）或不可有剩磁的材料的吸附。

气吸式手部的另一个特点是对工件表面没有损伤，且对被吸持工件预定的位置精度要求不高；但要求工件上与吸盘接触部位光滑平整、清洁，无孔无凹槽，被吸工件材质致密，没有透气空隙。

气吸式手部是利用吸盘内的压力与大气压之间的压力差而工作的。按形成压力差的方法，可分为真空气吸、气流负压气吸、挤压排气负压气吸。

（1）真空吸附取料手　图3-20所示为真空吸附取料手的结构原理。其真空的产生是利用真空泵，真空度较高。主要零件为蝶形橡胶吸盘1，通过固定环2安装在支承杆4上，支承杆由螺母6固定在基板5上。取料时，蝶形橡胶吸盘与物体表面接触，橡胶吸盘在边缘既起到密封作用，又起到缓冲作用，然后真空抽气，吸盘内腔形成真空，吸取物料。放料时，管路接通大气，失去真空，物体放下。为避免在取放料时产生撞击，有的还在支承杆上配有弹簧缓冲。为了更好地适应物体吸附面的倾斜状况，有的在橡胶吸盘背面设计有球铰链。

图3-21所示为用于微小无法抓取的工件或工具的真空吸附取料手（微小零件取料手）。

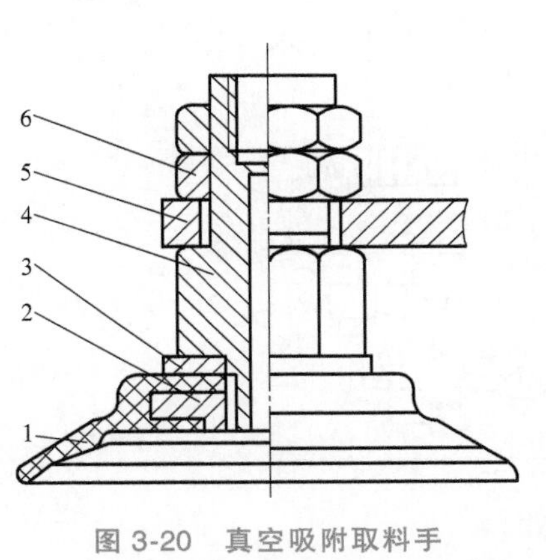

图3-20　真空吸附取料手

1—蝶形橡胶吸盘　2—固定环　3—垫片　4—支承杆　5—基板　6—螺母

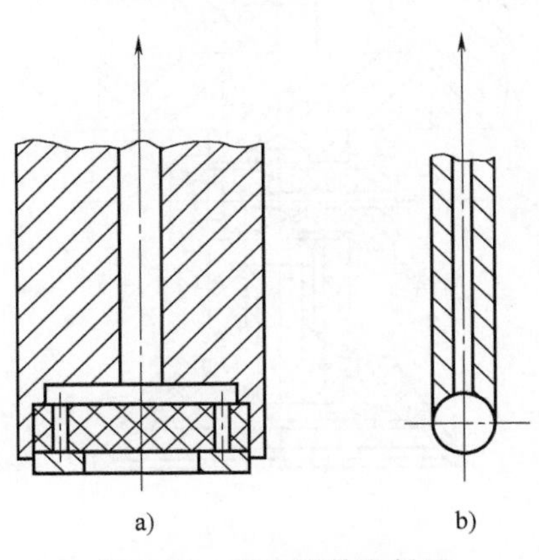

图3-21　微小零件取料手

a）垫圈取料手　b）钢球取料手

真空吸附取料手工作可靠，吸附力大，但因需要有真空系统，一般成本都较高。图3-22所示为各种真空吸附取料手。

（2）气流负压吸附取料手　气流负压吸附取料手如图3-23所示。气流负压吸附取料手是利用流体力学的原理，当需要取物时，压缩空气高速流经喷嘴5时，其出口处的气压低于吸盘腔内的气压，于是腔内的气体被高速气流带走而形成负压，完成取物动作；当需要释放时，切断压缩空气即可。这种取料手需要压缩空气，在大多数工厂里都较易取得，且成本较低，因而应用较多。

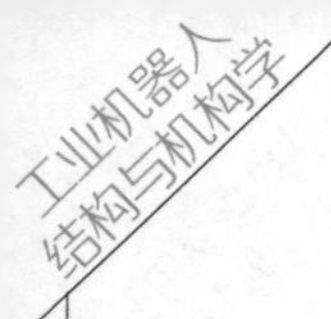

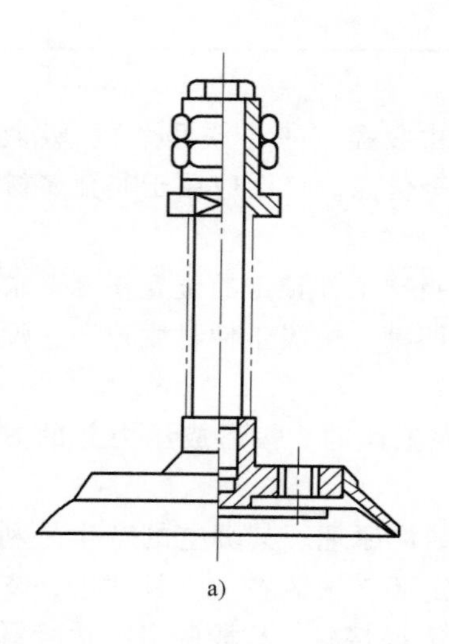

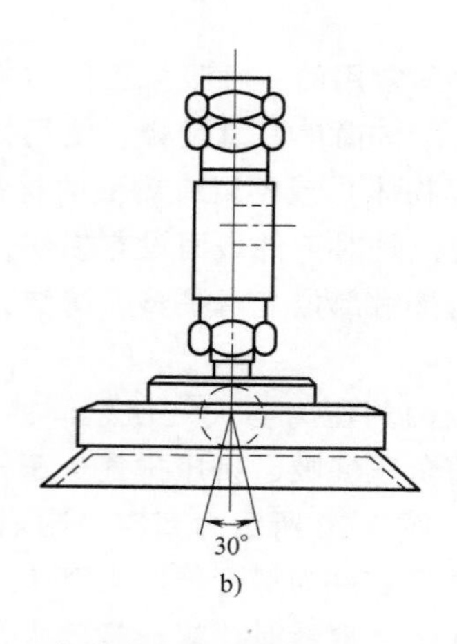

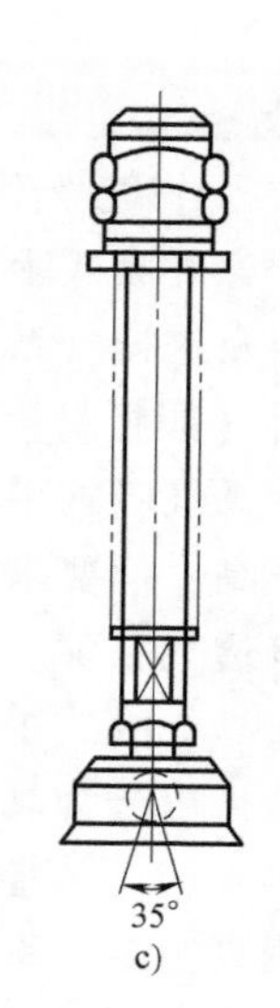

图 3-22　各种真空吸附取料手

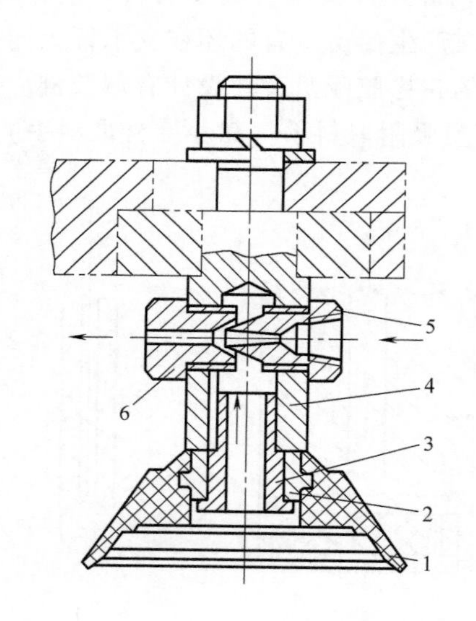

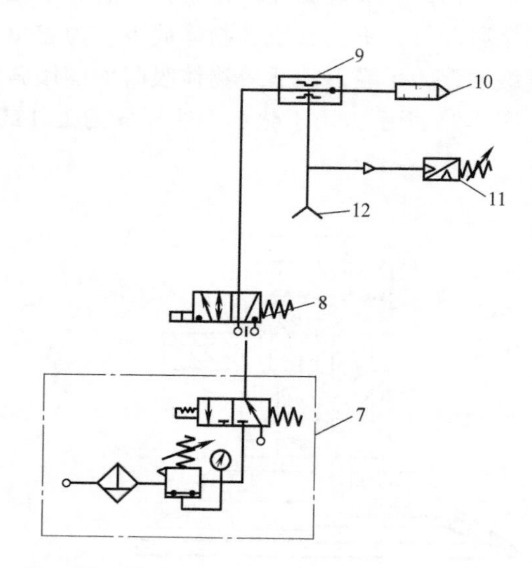

图 3-23　气流负压吸附取料手

1—橡胶吸盘　2—心套　3—透气螺钉　4—支承杆　5—喷嘴　6—喷嘴套　7—气源　8—电磁阀
9—真空发生器　10—消声器　11—压力开关　12—气爪

（3）挤压排气式取料手　挤压排气式取料手如图 3-24 所示。其工作原理为：取料时吸盘压紧物体，橡胶吸盘变形，挤出腔内多余的空气，取料手上升，靠橡胶吸盘的恢复力形成负压，将物体吸住；释放时，压下拉杆 3，使吸盘腔与大气相连通而失去负压。该取料手结构简单，但吸附力小，吸附状态不易长期保持。

2. 磁吸附式取料手

磁吸式手部是利用永久磁铁或电磁铁通电后产生的磁力来吸附工件的，其应用较广，但只能对铁磁物体起作用。另外，对某些不允许有剩磁的零件要禁止使用。所以，磁吸附式取料手的使用有一定的局限性。磁吸式手部与气吸式手部相同，不会破坏被吸收表面质量。磁吸收式手部比气吸收式手部优越的方面是：有较大的单位面积吸力，对工件表面粗糙度及通孔、沟槽等无特殊要求。

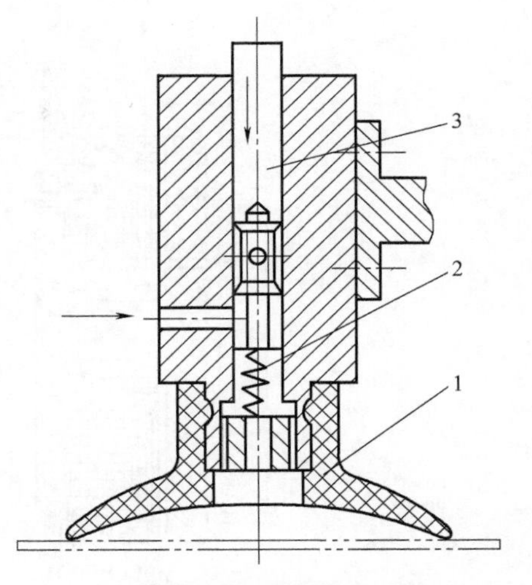

图 3-24 挤压排气式取料手

1—橡胶吸盘 2—弹簧 3—拉杆

电磁铁工作原理如图 3-25a 所示。当线圈 1 通电后，在铁心 2 内外产生磁场，磁力线穿过铁心，空气隙和衔铁 3 被磁化并形成回路，衔铁受到电磁吸力 F 的作用被牢牢吸住。实际使用时，往往采用如图 3-25b 所示的盘式电磁铁，衔铁是固定的，衔铁内用隔磁材料将磁力线切断，当衔铁接触磁铁物体零件时，零件被磁化形成磁力线回路，并受到电磁吸力而被吸住。

图 3-26 所示为盘状磁吸附取料手的结构图。铁心 1 和磁盘 3 之间用黄铜焊料焊接并构成隔磁环 2，既焊为一体又将铁心和磁盘分隔，这样使铁心 1 成为内磁极，磁盘 3 成为外磁极。其磁路由壳体 6 的外圈，经磁盘 3、工件和铁心，再到壳体内圈形成闭合回路，以此吸附工件。铁心、磁盘和壳体均采用 8～10 号低碳钢制成，可减少剩磁，并在断电时不吸或少吸铁屑。盖 5 为用黄铜或铝板制成的隔磁材料，用以压住线圈 11，防止工作过程中线圈的活动。挡圈 7、8 用以调整铁心和壳体的轴向间隙，即磁路气隙 δ。在保证铁心正常转动的情况下，气隙越小越好，气隙越大，则电磁吸力会显著地减小，因此一般取 $\delta=0.1\sim0.3\mathrm{mm}$。在机器人手臂的孔内可做轴向微量移动，但不能转动。铁心 1 和磁盘 3 一起装在轴承上，用以实现在不停车的情况下自动上下料。

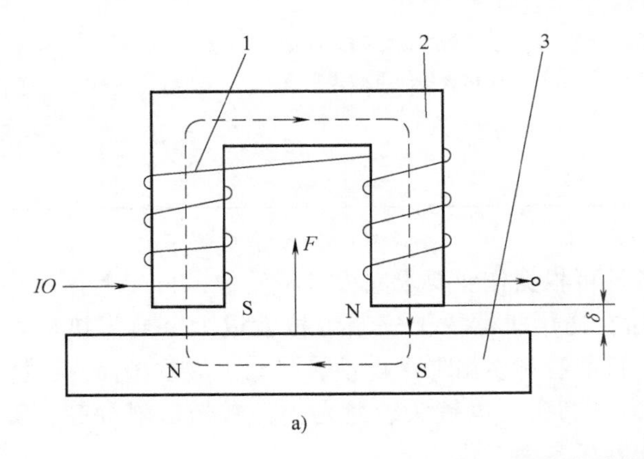

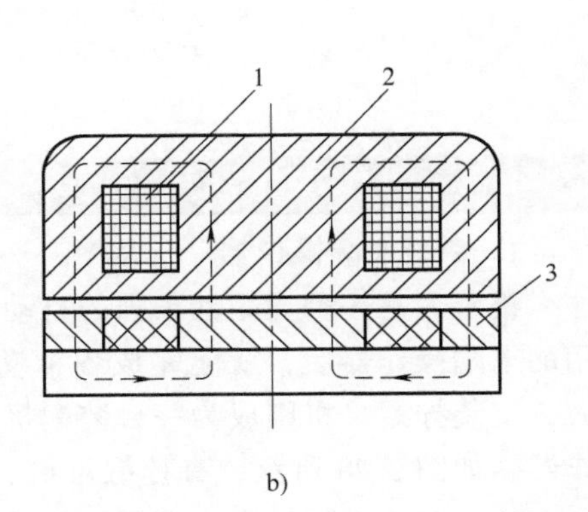

图 3-25 电磁铁工作原理

1—线圈 2—铁心 3—衔铁

图 3-27 所示为几种电磁式吸盘吸料示意图，其中图 3-27a 所示为吸附滚动轴承底座的电磁式吸盘；图 3-27b 所示为吸附钢板的电磁式吸盘；图 3-27c 所示为吸附齿轮用的电磁式吸盘；图 3-27d 所示为吸附多孔钢板用的电磁式吸盘。

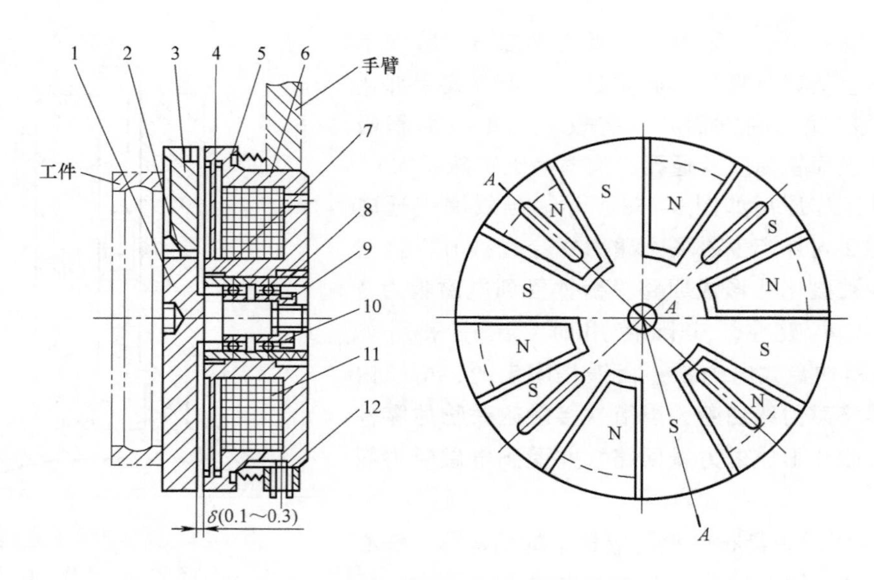

图 3-26　盘状磁吸附取料手结构

1—铁心　2—隔磁环　3—磁盘　4—卡环　5—盖　6—壳体　7、8—挡圈　9—螺母　10—轴承　11—线圈　12—螺钉

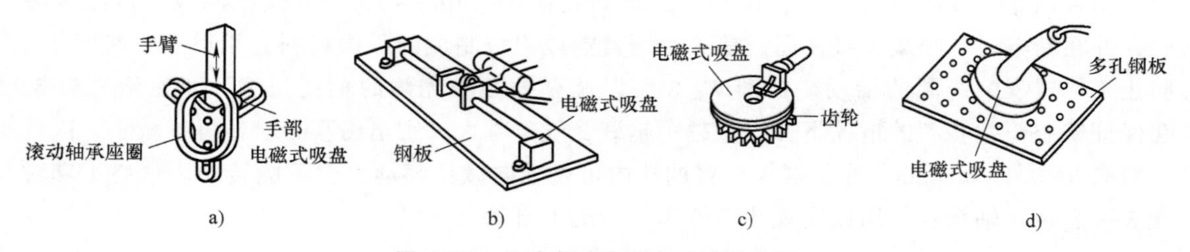

图 3-27　几种电磁式吸盘吸料示意图

a）吸附滚动轴承底座的电磁式吸盘　b）吸附钢板的电磁式吸盘

c）吸附齿轮用的电磁式吸盘　d）吸附多孔钢板用的电磁式吸盘

3.1.6　专用操作器及转换器

1. 专用末端操作器

机器人是一种通用性很强的自动化设备，可根据作业要求完成各种动作，再配上各种专用的末端操作器后，就能完成各种动作。如在通用机器人上安装焊枪就成为一台焊接机器人，安装拧螺母机则成为一台装配机器人。目前有许多由专用电动、气动工具改型而成的操作器，如图 3-28 所示，有拧螺母机、焊枪、电磨头、电铣头、抛光头、激光切割机等。所形成的一整套系列供用户选用，使机器人能胜任各种工作。

图 3-28 所示还有一个装有电磁吸盘式换接器的机器人手腕，电磁吸盘直径 60mm，重量为 1kg，吸力 1100N，换接器可接通电源、信号、压力气源和真空源，电插头有 18 芯，气路接头有 5 路。为了保证联接位置精度，设置了两个定位销。在各末端操作器的端面装有换接器座，平时陈列于工具架上，需要使用时机器人手腕上的换接器吸盘可从正面吸牢换接器座，接通电源和气源，然后从侧面将末端操作器退出工具架，机器人便可进行作业。

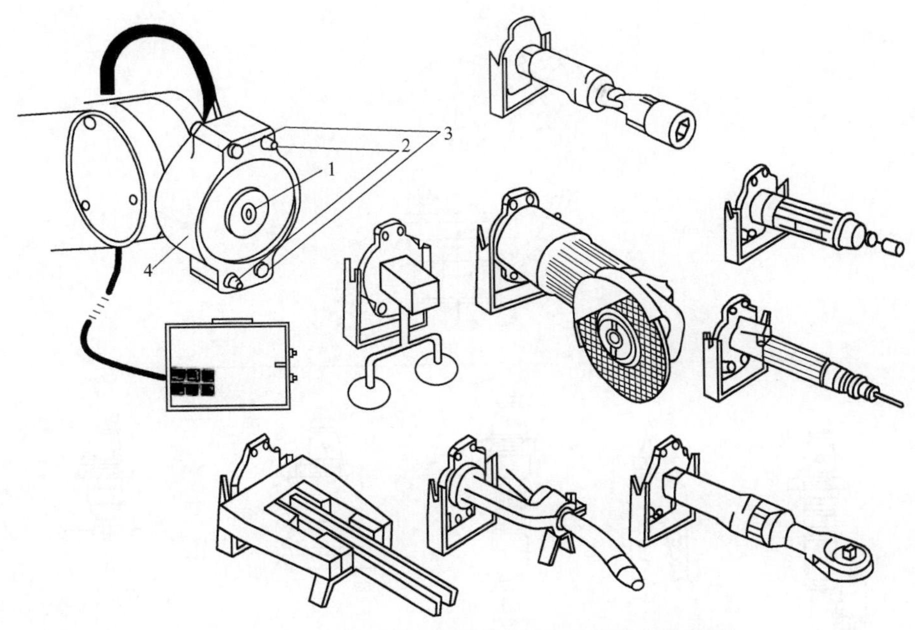

图 3-28 各种专用末端操作器和电磁吸盘式换接器

1—气路接头 2—定位销 3—电插头 4—电磁吸盘

2. 换接器或自动手爪更换装置

使用一台通用机器人，要在作业时能自动更换不同的末端操作器，就需要配置具有快速装卸功能的换接器。换接器由两部分组成：换接器插座和换接器插头，分别装在机器腕部和末端操作器上，能够实现机器人对末端操作器的快速自动更换。

专用末端操作器换接器的要求主要有：同时具备气源、电源及信号的快速连接与切换；能承受末端操作器的工作载荷；在失电、失气情况下，机器人停止工作时不会自行脱离；具有一定的换接精度等。

图 3-29 所示为气动换接器和专用末端操作器库。该换接器也分成两部分：一部分装在手腕上，称为换接器；另一部分装在末端操作器上，称为配合器。利用气动锁紧器将两部分进行连接，并具有就位指示灯以表示电路、气路是否接通。

具体实施时，各种末端操作器放在工具架上，组成一个专用末端操作器库，如图 3-30 所示。

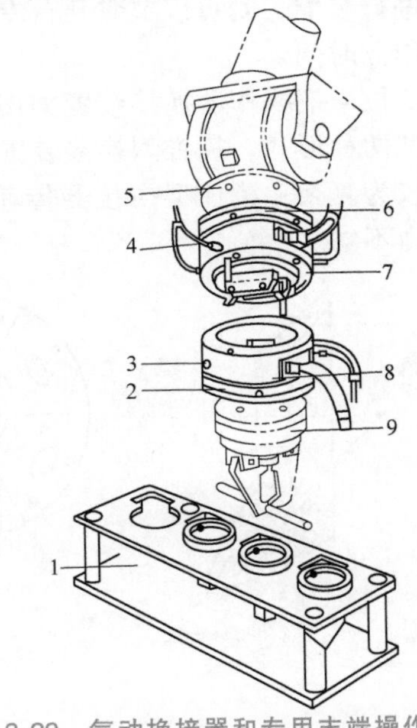

图 3-29 气动换接器和专用末端操作器库

1—末端操作器库 2—操作器过渡法兰 3—位置指示灯 4—换接器气路 5—联接法兰 6—过渡法兰 7—换接器 8—换接器配合端 9—末端操作器

3. 多工位换接装置

某些机器人的作业任务相对较为集中，需要换接一定量的末端操作器，又不必配备数量较多的末端操作器库。这时，可以在机器人手腕上设

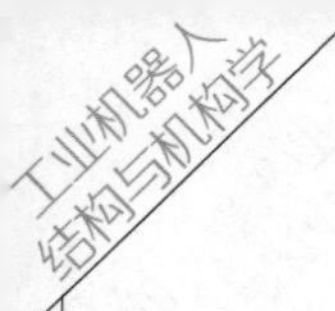

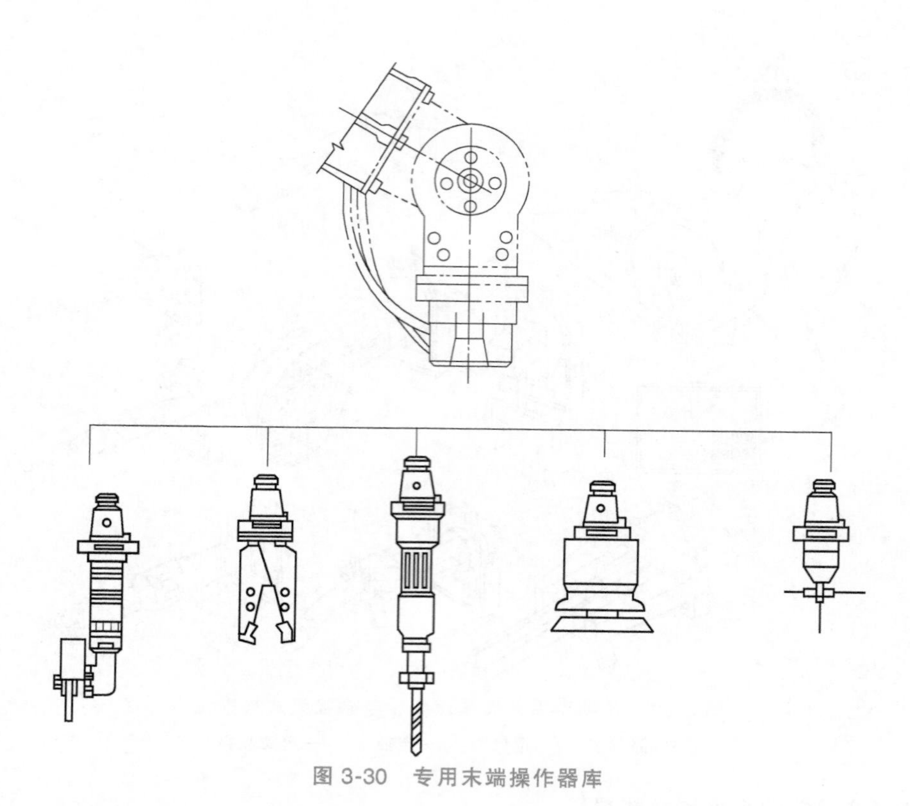

图 3-30　专用末端操作器库

置一个多工位换接装置。例如，在机器人柔性装配线某个工位上，机器人要依次装配如垫圈、螺钉等几种零件，装配采用多工位换接装置，可以从几个供料处依次抓取几种零件，然后逐个进行装配，既可以节省几台专用机器人，又可以避免通用机器人频繁换接操作器和节省装配作业时间。

多工位末端操作器换接装置如图 3-31 所示，就像加工中心的刀库一样，可以有棱锥型和棱柱型两种形式。棱锥型换接装置可保证手爪轴线和手腕轴线一致，受力较合理，但其传动机构较为复杂；棱柱型换接器传动机构较为简单，但其手爪轴线和手腕轴线不能保持一致，受力不均。

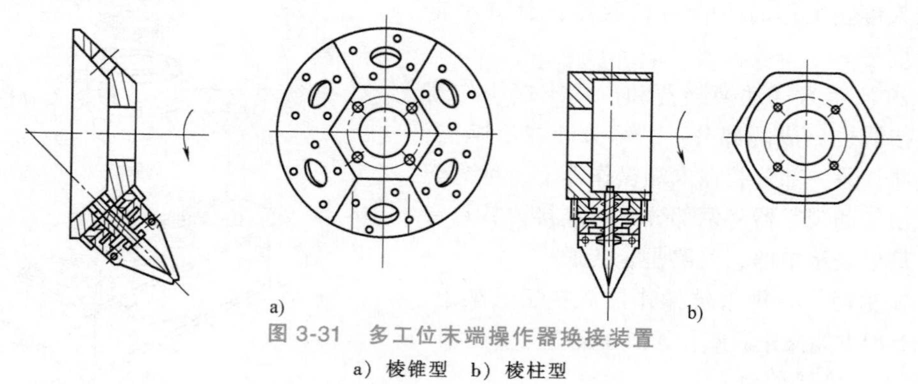

图 3-31　多工位末端操作器换接装置

a）棱锥型　b）棱柱型

3.1.7　仿生多指灵巧手

目前，大部分工业机器人的手部只有 2 个手指，而且手指上一般没有关节。因此取料不能适应物体外形的变化，不能使物体表面承受比较均匀的夹持力，因此无法满足对复杂形状、不同材质的物体实施夹持和操作。为了提高机器人手部和手腕的操作能力、灵活性和快速反应能力，使机器人能像人手一样进行各种复杂的作业，就必须有一个运动灵活、动作多样的灵巧手，即仿人手。

1. 柔性手

为了能对不同外形的物体实施抓取，并使物体表面受力比较均匀，因此研制出了柔性手。如图 3-32 所示为多关节柔性手腕，每个手指由多个关节串联而成。手指传动部分由牵引钢丝绳及摩擦滚轮组成，每个手指由两根钢丝绳牵引，一侧为握紧，另一侧为放松。驱动源可采用电动机驱动或液压、气动元件驱动。柔性手腕可抓取凹凸不平的外形并使物体受力较为均匀。

图 3-33 所示为用柔性材料做成的柔性手。一端固定，一端为自由端的双管合一的柔性管状手爪，当一侧管内充气体或液体，另一侧管内抽气或抽液时形成压力差，柔性手爪就向抽空侧弯曲。此种柔性手适用于抓取轻型、圆形物体，如玻璃器皿等。

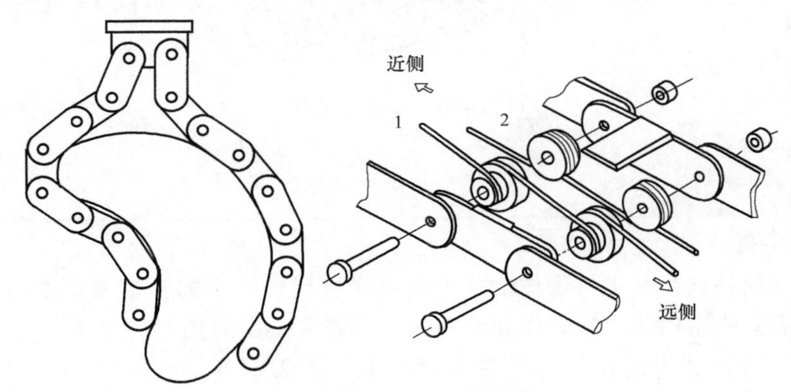

图 3-32　多关节柔性手腕

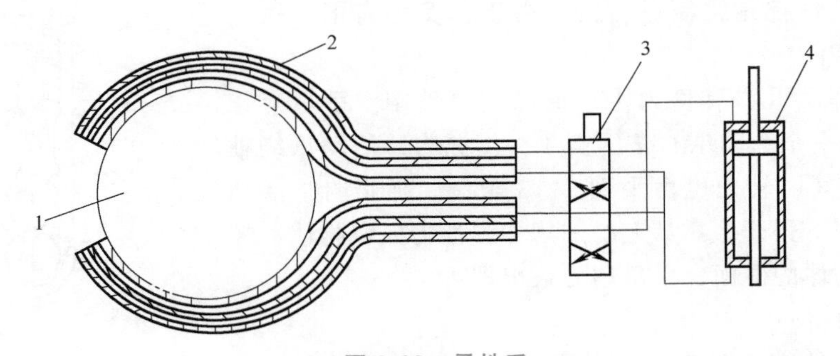

图 3-33　柔性手

1—工件　2—手指　3—电磁阀　4—液压缸

2. 多指灵巧手

机器人手爪和手腕最完美的形式之一是模仿人手的多指灵巧手。如图 3-34 所示，多指灵巧手有多个手指，每个手指有 3 个回转关节，每一个关节的自由度都是独立控制的。因此，几乎人手指能完成的各种复杂动作它都能模仿，如拧螺钉、弹钢琴、做礼仪手势等动作。在手部配置触觉、力觉、视觉、温度传感器，将会使多指灵巧手达到更完美的程度。多指灵巧手的应用前景十分广泛，可在各种极限环境下完成人无法实现的操作，如核工业领域、宇宙空间作业，在高温、高压、高真空环境下作业等。

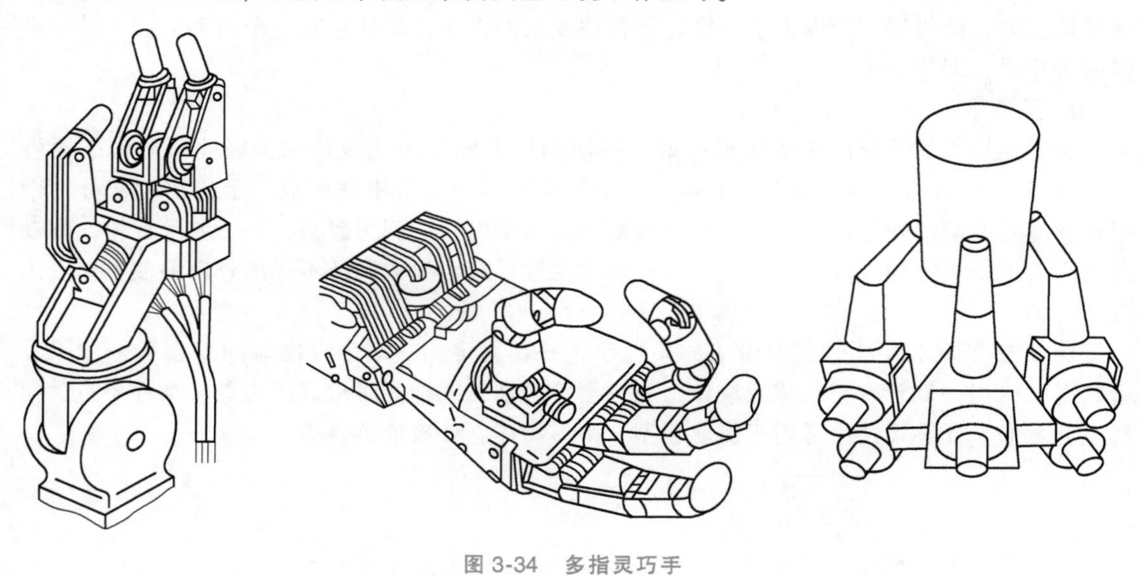

图 3-34　多指灵巧手

3.1.8　其他手部

1. 弹性力手爪

弹性力手爪的特点是其夹持物体的抓力是由弹性元件提供的，不需要专门的驱动装置，在抓取物体时需要一定的压入力，而在卸料时，则需要一定的拉力。

弹簧式手部靠弹簧力的作用将工件夹紧，手部不需要专用的驱动装置，结构简单。它的使用特点是工件进入手指和从手指中取下工件都是强制进行的。由于弹簧力有限，故只用于夹持轻小工件。

图 3-35 所示为几种弹性力手爪的结构原理图。手爪有一个固定爪 1，另一个活动爪 6 靠压簧 4 提供抓力，活动爪绕轴 5 回转，空手时其回转角度由平面 2、3 限制。抓物时，活动爪 6 在推力作用下张开，靠爪上的凹槽和弹性力抓取物体；卸料时，需固定物体的侧面，手爪用力拔出即可。

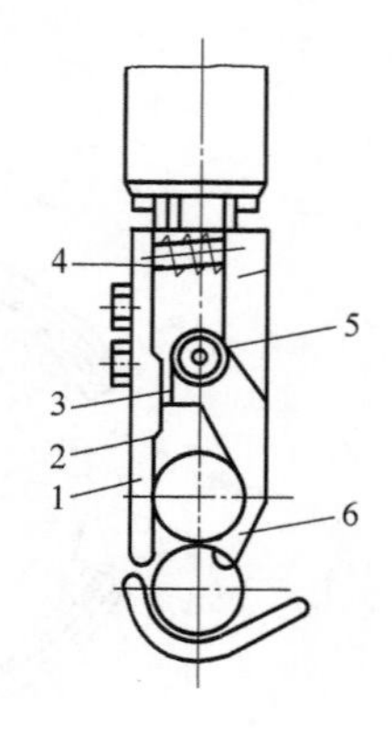

图 3-35　弹性力手爪

1—固定爪　2、3—平面　4—压簧　5—轴　6—活动爪

2. 摆动式手爪

摆动式手爪的特点是在手爪的开合过程中，其爪的运动状态是绕固定轴摆动的，结构简单，使用较广，适合于圆柱体的抓取。

图 3-36 所示为一种摆动式手爪的结构原理图。这是一种连杆摆动式手爪，活塞杆移动，并通过连杆带动手爪回绕同一轴摆动，完成开合动作。

图 3-37 所示为自重式手部结构，要求工件对手指的作用力的方向应在手指回转轴垂直线的外侧，使手指趋向闭合。用这种手部结构来夹紧工件是依靠工件本身的重量来实现的，

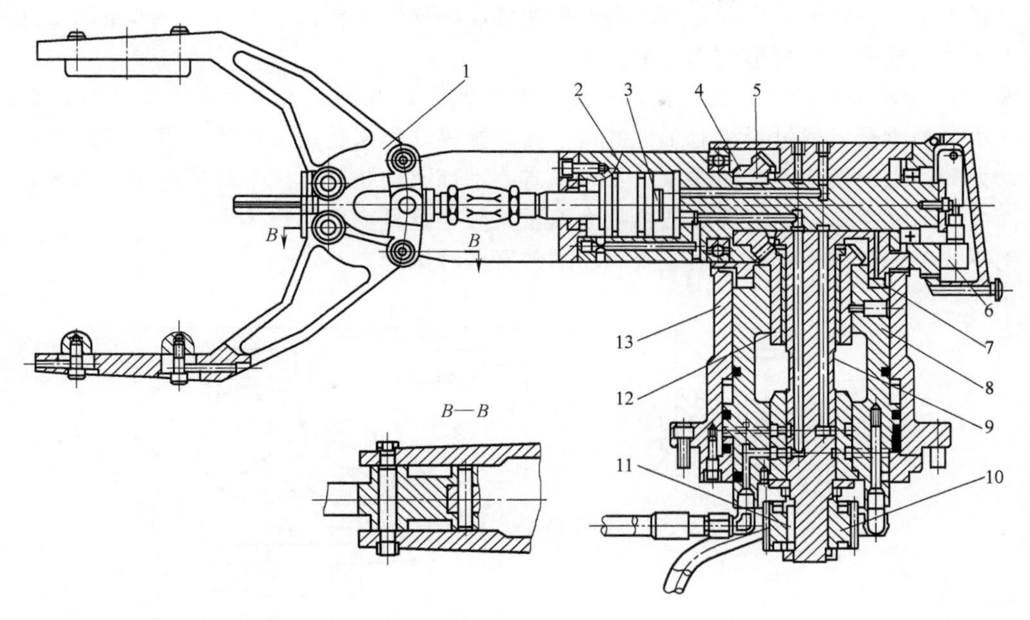

图 3-36 摆动式手爪的结构原理图

1—手爪 2—夹紧液压缸 3—活塞杆 4—锥齿轮 5—键 6—行程开关 7—止推轴承垫
8—活塞套 9—主体轴 10—圆柱齿轮 11—键 12—锥齿轮 13—升降液压缸体

工件越重，握力越大。手指的开合动作由铰接活塞液压缸实现。该手部结构适用于传输垂直上升或水平移动的重型工件。

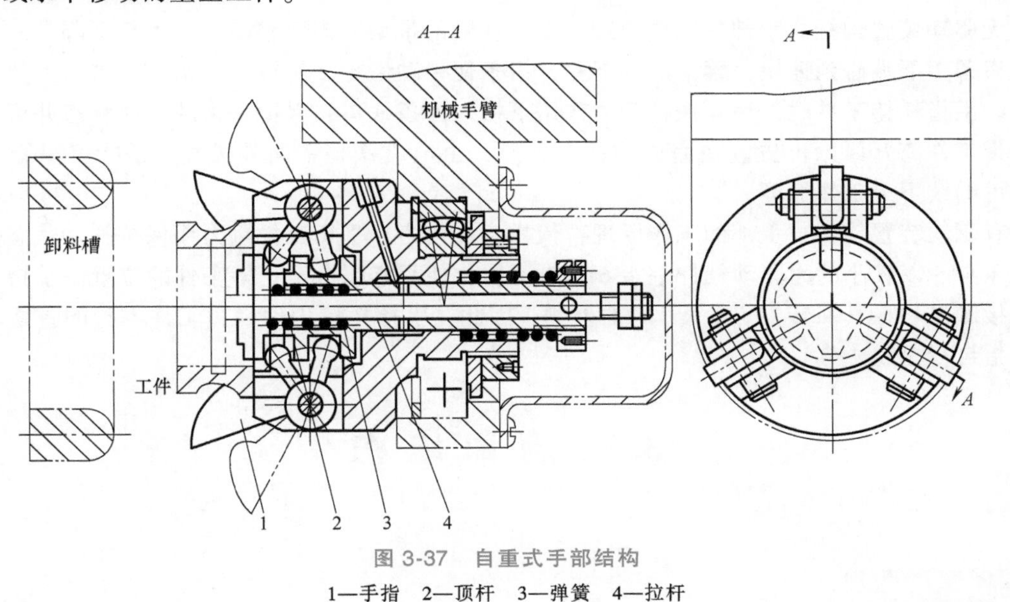

图 3-37 自重式手部结构

1—手指 2—顶杆 3—弹簧 4—拉杆

3. 钩托式手部

钩托式手部的主要特征是不靠夹紧力来夹持工件，而是利用手指对工件钩、拖、捧等动作来拖持工件。应用钩拖方式可降低驱动力的要求，简化手部结构，甚至可以省略手部驱动装置。它适用于在水平面内和垂直面内做低速移动的搬运工作，尤其对大型笨重的工件或结构粗大而重量较轻且易变形的工件更为有利。

图 3-38 所示为钩托式手部结构示意图。钩托式手部并不靠夹紧力来夹持工件，而是利用工件本身的重量，通过手指对工件的钩、托、捧等动作来托持工件。应用钩托方式可降低对驱动力的要求，简化手部结构，甚至可以省略手部驱动装置。该手部适用于在水平面内和垂直面内搬运大型笨重的工件或结构粗大而重量较轻且易变形的物体。

钩托式手部又有手部无驱动装置和驱动装置两种类型。

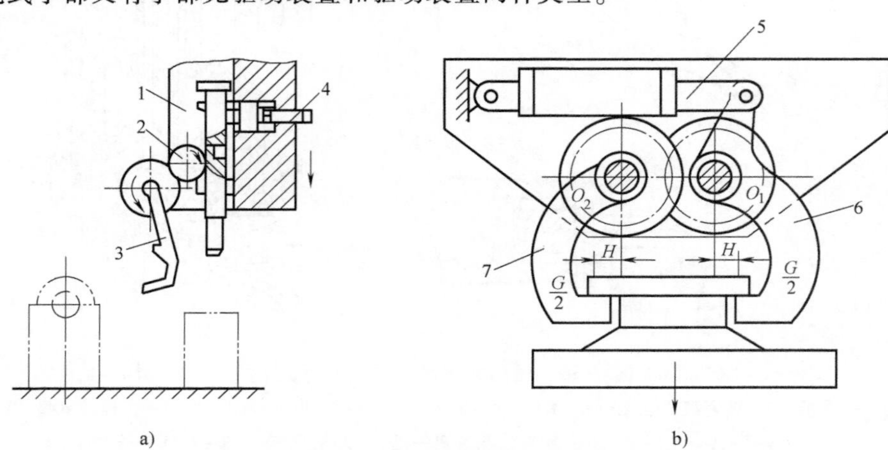

图 3-38　钩托式手部结构示意图

a）无驱动装置的手部　b）有驱动装置的手部

1—齿条　2—齿轮　3—手指　4—销　5—驱动液压缸　6、7—杠杆手指

无驱动装置钩托式手部的工作原理：手部在臂的带动下向下移动，当手部下降到一定位置时齿条 1 下端碰到撞块，臂部继续下移，齿条便带动齿轮 2 旋转，手指 3 即进入工件钩托部位。手指托持工件时，销 4 在弹簧力作用下插入齿条缺口，保持手指的钩托状态并可使手臂携带工件离开原始位置。在完成钩托任务后，由电磁铁将销向外拔出，手指又呈自由状态，可继续下个工作循环。

有驱动装置钩托式手部的工作原理：依靠机构内力来平衡工件重力而保持托持状态。驱动液压缸 5 以较小的力驱动杠杆手指 6 和 7 回转，使手指闭合至托持工件的位置。手指与工件的接触点均在其回转支点 O_1、O_2 的外侧，因此在手指托持工件后，工件本身的重量不会使手指自行松脱。

3.2　腕部结构

3.2.1　概述

腕部结构通常只采用转动方式，但也有的腕部可做短距离平移。根据转动特点的不同，用于手腕关节的转动又可细分为滚转（用 R 来标记）和弯转（用 B 来标记），分别如图 3-39a、b 所示。

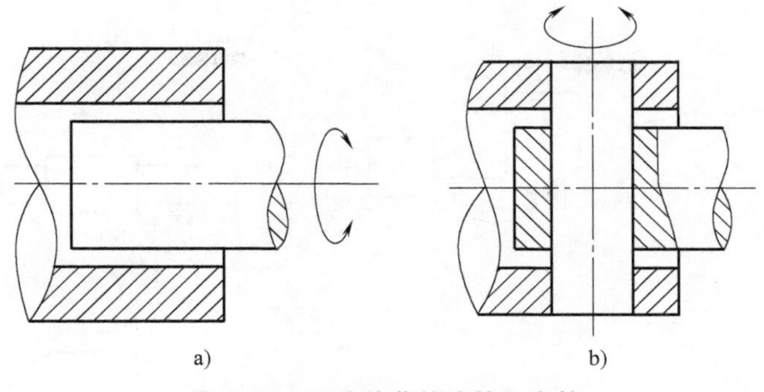

图 3-39 手腕关节的滚转和弯转

a）滚转 b）弯转

工业机器人的手腕是操作机的小臂（上臂）和末端执行器（手爪）之间的连接部件，处于工业机器人操作机的最末端，起支撑手部的作用。其功用是利用自身的活动度确定被末端执行器夹持物体的空间姿态，调节或改变工件的方位，使末端执行器适应复杂的动作要求。

工业机器人一般需要 6 个自由度才能实现手部达到目标位置和处于期望的姿态。为了使手部能处于空间任意方向，要求腕部能实现对空间 3 个坐标轴 x、y、z 的转动，即具有回转、俯仰和偏转，如图 3-40 所示。图 3-41 所示为 6 种 3 自由度手腕的结合方式示意图。

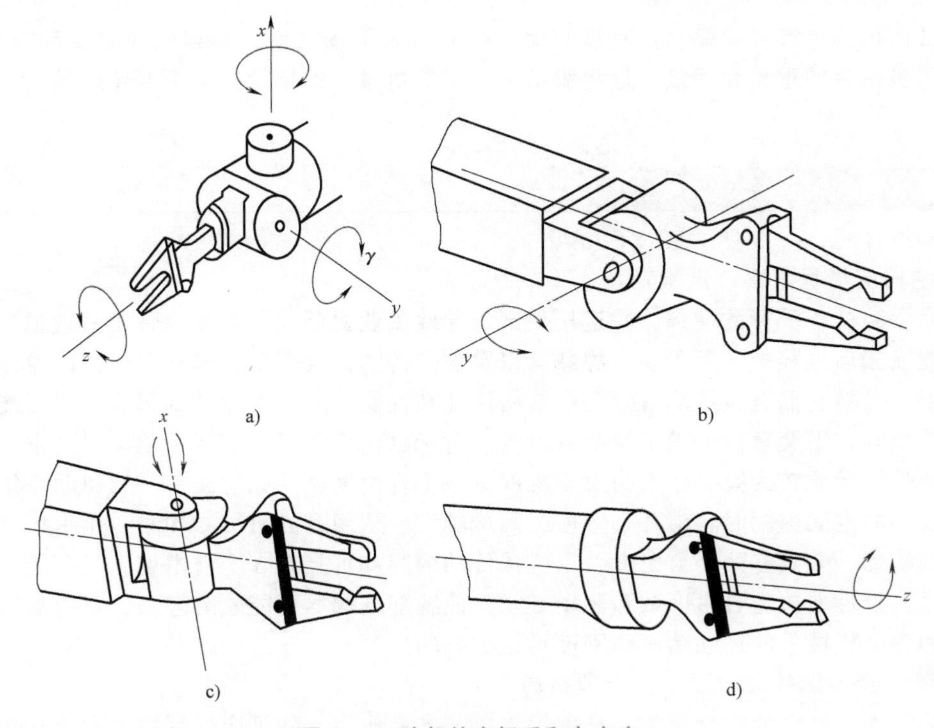

图 3-40 腕部的坐标系和自由度

a）腕部坐标系 b）手腕的俯仰 c）手腕的偏转 d）手腕的回转

腕部可用安装在连接处的驱动器直接驱动，也可以从底座内的动力源经链条、同步带、

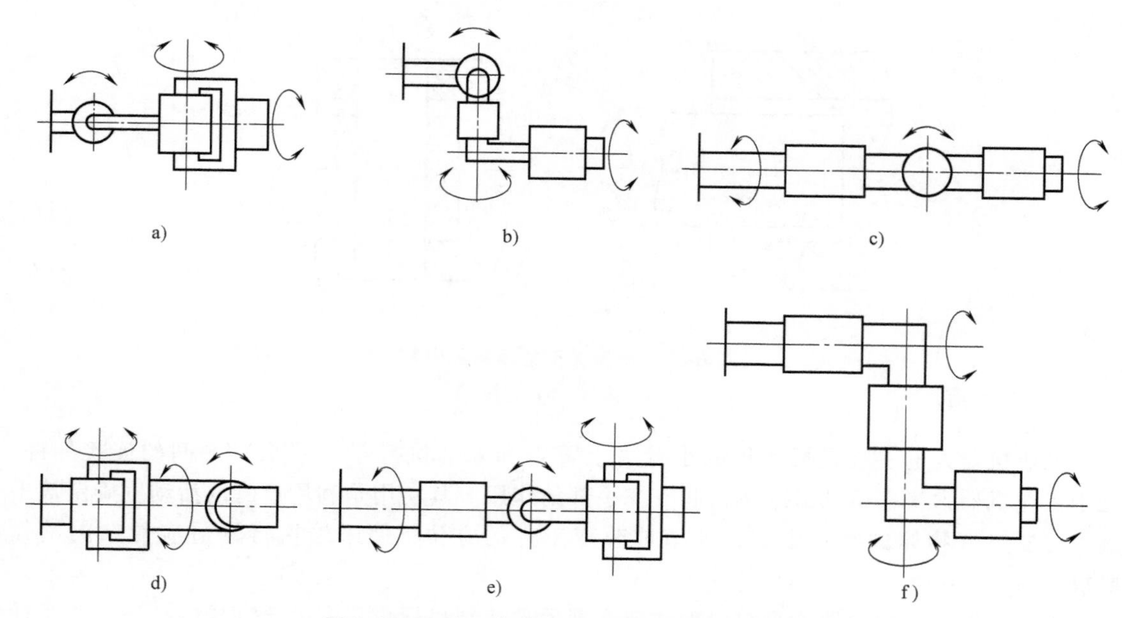

图 3-41　6 种 3 自由度手腕的结合方式示意图

a）BBR 型 3 自由度手腕结构　b）BRR 型 3 自由度手腕结构　c）RBR 型 3 自由度手腕结构
d）BRB 型 3 自由度手腕结构　e）RBB 型 3 自由度手腕结构　f）RRR 型 3 自由度手腕结构

连杆或其他机构进行远程驱动。直接驱动一般采用液压或气动，具有较高的驱动力和强度，但增加了机械手的重量和惯量；远程驱动可以降低机械手的惯量，但需要传动装置，设计较为复杂。

3.2.2　腕部的设计要求

腕部设计时，一般应注意以下几点。

1. 结构应尽量紧凑、重量轻

因为手腕处于手臂的端部，并连接手部，导致工业机器人手臂在携带工具或抓取工件并进行作业或搬运过程中，所受动、静载荷以及被夹持物体及手部、腕部等机构的重量均作用在手臂上，显然它们直接影响着臂部的结构尺寸和性能，所以在设计腕部时，尽可能使结构紧凑、重量轻，不要盲目追求手腕的自由度。对于自由度数目较多以及驱动力要求较大的腕部，结构设计矛盾较为突出，因为对于腕部每一个自由度就要相应配有一套驱动系统，要使腕部在较小的空间内同时容纳几套元件，困难较大。从现有的机械结构看，用液压、气压直接驱动的腕部一般具有两个自由度，用机械传动的腕部可具有 3 个自由度。

总之，合理地决定自由度数和驱动方式，使腕部结构尽可能紧凑轻巧，对提高腕部的动作精度和整个机械手的运动精度和刚度是很重要的。

2. 要综合考虑各方面要求，合理布局

腕部作为机械手的执行机构，又承担连接和支承作用，除了应保证动力和运动性能的要求，具有足够的刚度和强度，动作灵活准确，以及较好地适应工作条件外，在结构设计中还应全面地考虑所采用的各元器件与机构的特点和特性、作业和控制要求，进行合理布局，处理具体结构。例如，应注意解决好腕部与臂部、手部的连接，腕部各个自由度的位置检测、

管线布置，以及润滑、维修、调整等问题。

3. 要适应工作环境的要求

当机械手用于高温作业或在腐蚀性介质中，以及多尘、多杂物黏附等环境中工作时，机械手的手部与腕部等机构经常处于恶劣的工作条件下，在设计时必须充分考虑它们对腕部的不良影响。例如，热膨胀对驱动的液压油的黏度和燃点以及其他物理化学性能的影响，对机械构件之间配合、材料性能的影响，对电测电控元件的耐热性和耐蚀性的影响，对活动部分的摩擦状态的影响等。在上述环境中进行工作时，应预先采取相应的措施，以保证腕部具有良好的工作性能和较长的使用寿命。

3.2.3 腕部的分类

1. 按自由度数目分类

工业机器人的腕部按照自由度数目可分为单自由度手腕、2 自由度手腕和 3 自由度手腕。

（1）单自由度手腕　单自由度手腕如图 3-42 所示。其中，图 3-42a 所示为一种回转（roll）关节，简称为 R 关节，它使手臂纵轴线和手腕关节轴线构成共轴形式，这种 R 关节旋转角度大，可达到 360°以上。图 3-42b、c 所示为一种弯曲（bend）关节，简称为 B 关节，关节轴线与前、后两个连接件的轴线相垂直。这种 B 关节因受到结构上的干涉，旋转角度小，大大限制了方向角。图 3-42d 所示为移动（translate）关节，简称为 T 关节。

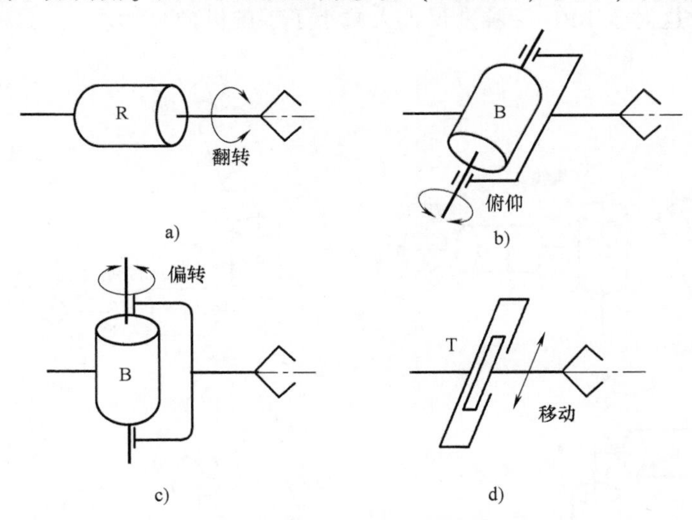

图 3-42　单自由度手腕

a）R 手腕　b）、c）B 手腕　d）T 手腕

（2）2 自由度手腕　2 自由度手腕如图 3-43 所示。2 自由度手腕可以由一个 R 关节和一个 B 关节组成 BR 手腕（图 3-43a）；也可以由两个 B 关节组成 BB 手腕（图 3-43b）。但是，不能由两个 R 关节组成 RR 手腕，因为两个 R 关节共轴线，所以少了一个自由度，实际上只构成了单自由度手腕（图 3-43c）。

（3）3 自由度手腕　3 自由度手腕如图 3-44 所示。3 自由度手腕可以由 B 关节和 R 关节组成多种形式，实现翻转、俯仰和偏转功能。图 3-44a 所示为通常遇到的 BBR 手腕，使手

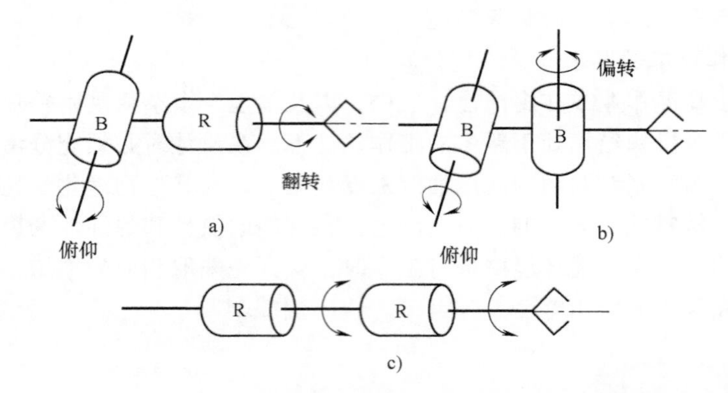

图 3-43　2 自由度手腕

a）BR 手腕　b）BB 手腕　c）RR 手腕

部实现俯仰、偏转和翻转运动，即 RPY 运动。图 3-44b 所示为一个 B 关节和两个 R 关节组成的 BRR 手腕，为了不使自由度退化，使手部实现 RPY 运动，第一个 R 关节必须进行偏置。图 3-44c 所示为 3 个 R 关节组成的 RRR 手腕，可以实现手部的 RPY 运动。图 3-44d 所示为 BBB 手腕，从图中可以看出，它已退化为 2 自由度手腕，只能使手部实现 PY 运动，在实际应用中不采用这种手腕。此外，B 关节和 R 关节排列的次序不同，也会产生不同的效果，也产生了其他形式的 3 自由度手腕。为了使手腕结构紧凑，通常把两个 B 关节安装在一个十字接头上，这对于 BBR 手腕来说大大减小了手腕纵向尺寸。

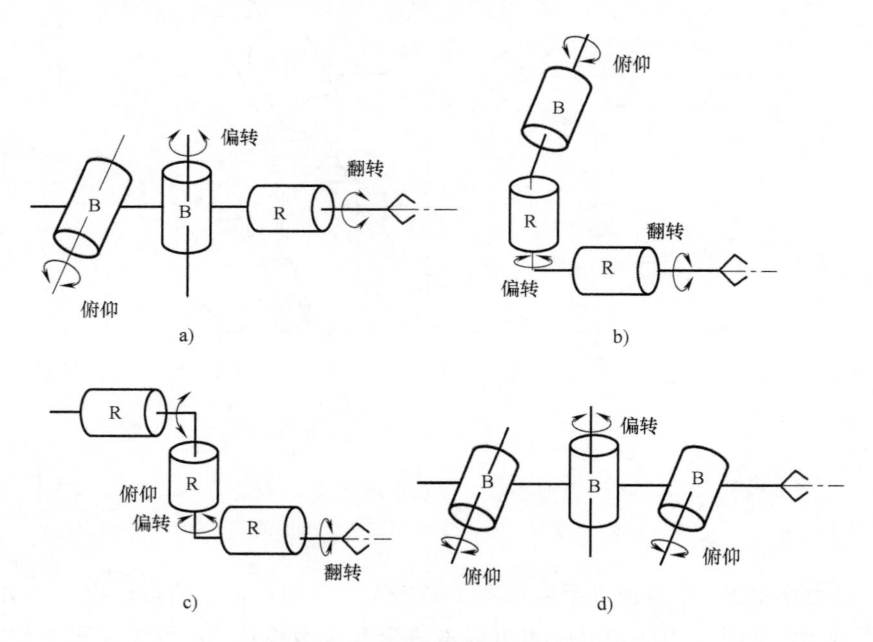

图 3-44　3 自由度手腕

a）BBR 手腕　b）BRR 手腕　c）RRR 手腕　d）BBB 手腕

2. 按驱动方式分类

工业机器人的腕部按照驱动方式来分，可以分为直接驱动手腕和远距离传动手腕。

（1）直接驱动手腕　手腕因为装在手臂末端，为了使结构设计得十分紧凑，可以把驱动源直接装在手腕上。图3-45所示是一种液压直接驱动的BBR手腕，设计紧凑巧妙。其中，M_1、M_2、M_3是液压马达，可直接驱动实现手腕的偏转、俯仰和翻转3个自由度轴。这种直接驱动手腕的关键是能否选到尺寸小、重量轻而驱动力矩大、驱动特性好的驱动电动机或液压驱动马达。

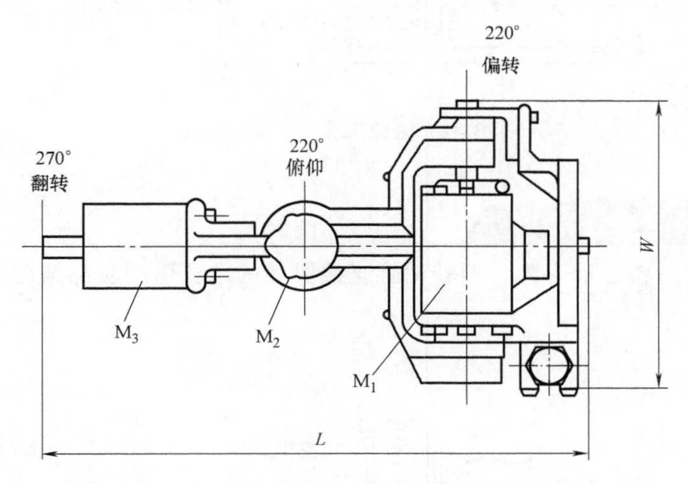

图3-45　液压直接驱动的BBR手腕

（2）远距离传动手腕　图3-46所示为一种采用远距离齿轮传动机构来实现手腕回转和俯仰的2自由度手腕。手腕的回转运动由传动轴S传递，轴S驱动锥齿轮1回转，并带动锥齿轮2、3、4转动。因手腕与锥齿轮4连为一体，从而实现手部绕轴C的回转运动。手腕的俯仰运动由传动轴B传递，传动轴B驱动锥齿轮5回转，并带动锥齿轮6绕轴A回转，因手腕的壳体7与传动轴A用销连接为一体，从而可实现手腕的俯仰运动。当轴S不转而轴B回转时，轴B除带动手腕绕轴A上下摆动外，还带动锥齿轮4绕轴A转动。由于轴S不动，故锥齿轮3不转，但锥齿轮4与3相啮合，因此迫使锥齿轮4有一个附加的绕轴C的自转，即为手腕的附加回转运动。因手腕俯仰运动引起的手腕附加回转运动称为诱导运动。

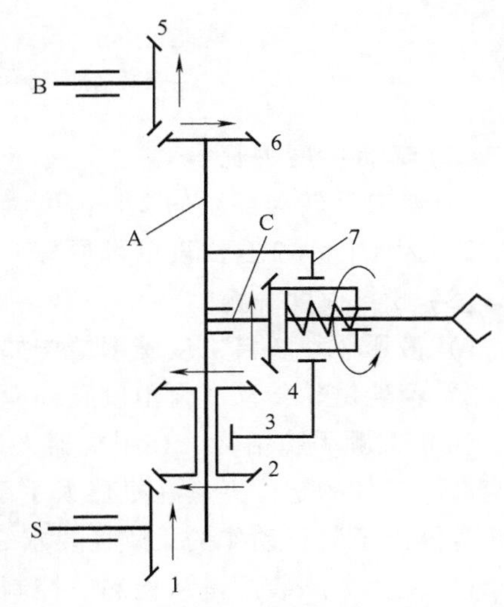

图3-46　远距离传动手腕

1、2、3、4、5、6—锥齿轮　7—壳体

图3-47所示是一种远距离传动的RBR手腕。Ⅲ轴的转动使整个手腕翻转，即第一个R关节运动。Ⅱ轴的转动使手腕获得俯仰运动，即第二个B关节运动。Ⅰ轴的转动即第三个R关节运动。当c轴一离开纸平面后，RBR手腕便在3个自由度轴上输出RPY运动。这种远距离传动的好处是可以把尺寸、重量都较大的驱动源放在远离手腕处，有时放在手臂的后端作平衡重量用，不但减轻手腕的整体重量，而且改善了机器人整体结构的平衡性。

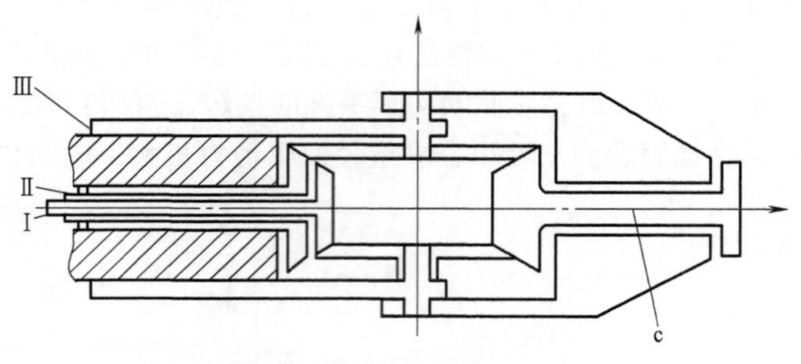

图 3-47 远距离传动 RBR 手腕

3.2.4 几种典型腕部结构

（1）单自由度回转运动手腕 回转油缸直接驱动的单自由度腕部结构如图 3-48 所示。

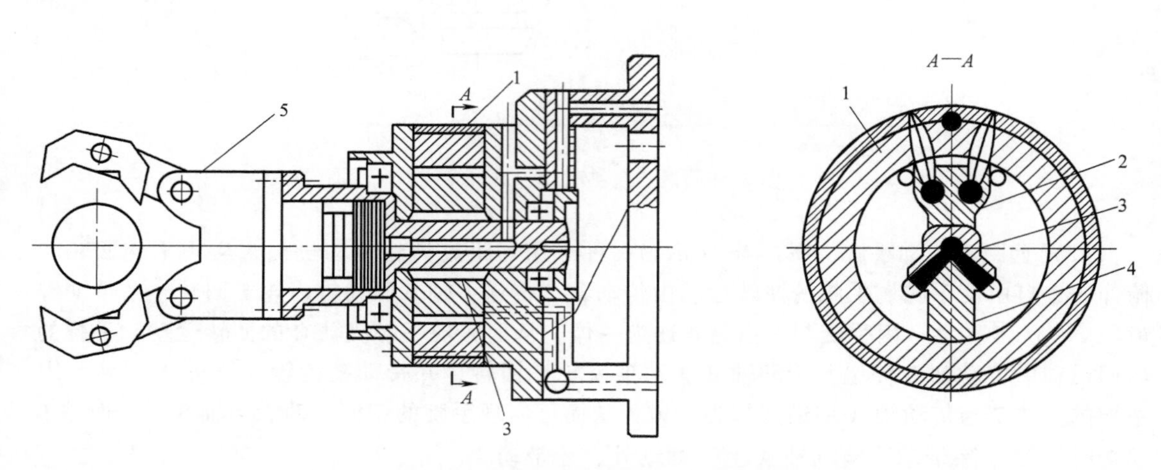

图 3-48 回转油缸直接驱动的单自由度腕部结构

1—回转油缸 2—定片 3—腕回转轴 4—动片 5—手部

（2）2 自由度手腕

1）具有回转与摆动的 2 自由度腕部结构如图 3-49 所示。

2）齿轮传动 2 自由度腕部原理如图 3-50 所示。

（3）3 自由度手腕

1）液压驱动 3 自由度腕部结构如图 3-51 所示。

2）齿轮链轮传动 3 自由度腕部原理如图 3-52 所示。

（4）柔顺手腕结构 在用机器人进行精密装配作业中，当被装配零件之间的配合精度相当高，工件的定位夹具、机器人手部的定位精度无法满足装配要求时，会导致装配困难，因此就提出了装配动作的柔顺性要求。柔顺性装配技术分为两种：

1）主动柔顺装配是从检测、控制的角度出发，采取各种不同的搜索方法，实现边校正边装配。有的手爪还配有检测元件，如视觉传感器、力觉传感器等。柔顺手腕结构示意图如图 3-53 所示。

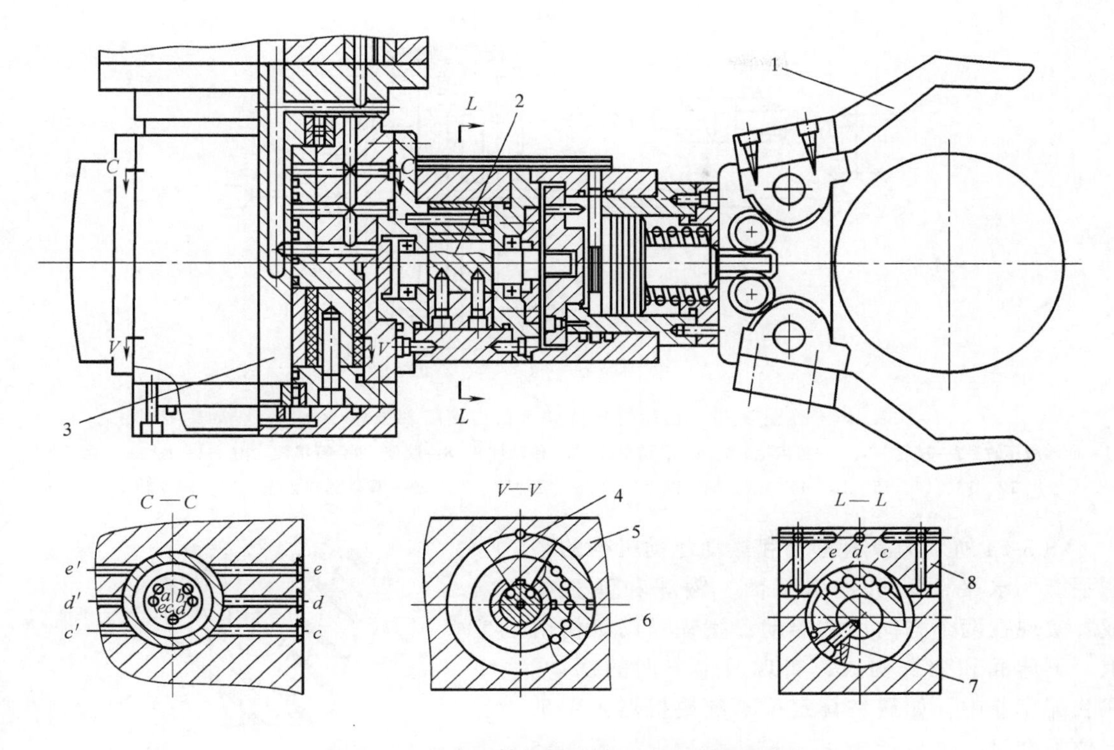

图 3-49 具有回转与摆动的 2 自由度腕部结构

1—手部 2—中心轴 3—固定中心轴 4—定片 5—摆动回转缸 6—动片 7—回转轴 8—回转缸

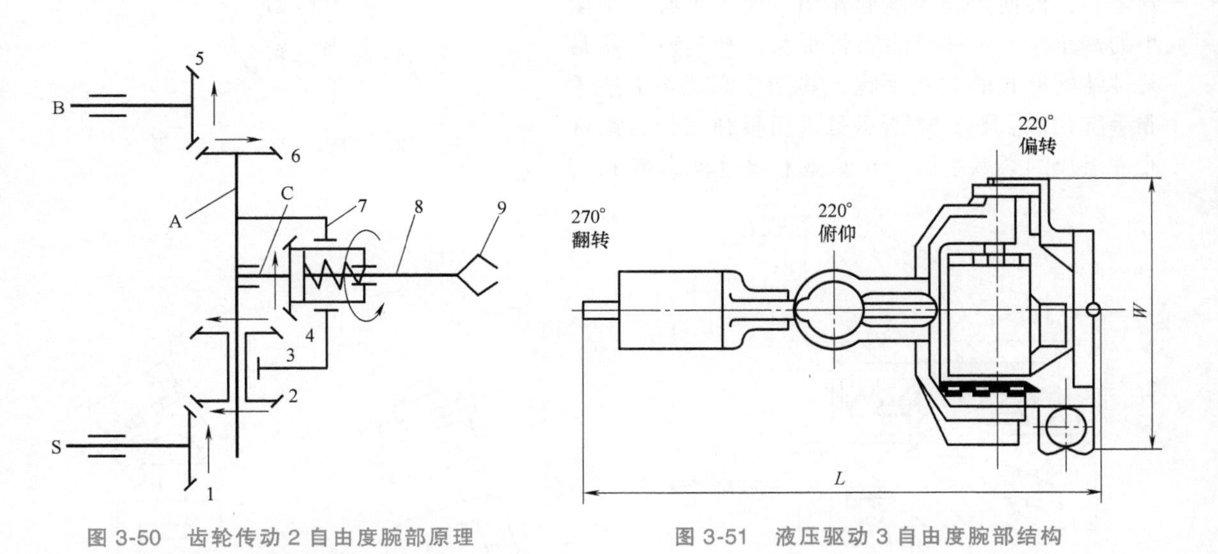

图 3-50 齿轮传动 2 自由度腕部原理

1、2、3、4、5、6—锥齿轮 7—壳体 8—手腕 9—手爪

图 3-51 液压驱动 3 自由度腕部结构

2）被动柔顺装配。从结构的角度出发，在手腕部配置一个柔顺环节，以满足柔顺装配的需要。

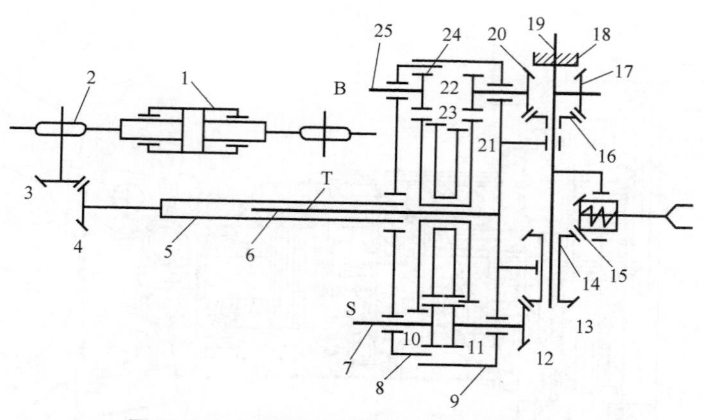

图 3-52 齿轮链轮传动 3 自由度腕部原理

1—回转液压缸 2—链轮 3、4—锥齿轮 5、6—花键轴 T 7—传动轴 S 8—腕架 9—行星架 10、11、22、24—圆柱齿轮 12、13、14、15、16、17、18、20—锥齿轮 19—摆动轴 21、23—双联圆柱齿轮 25—传动轴 B

图 3-54 所示为具有移动和摆动浮动机构的柔顺手腕。水平浮动机构由平面、钢球和弹簧构成，实现在两个方向上的浮动；摆动浮动机构由上、下球面和弹簧构成，实现两个方向的摆动。在装配作业中，如遇夹具定位不准或机器人手爪定位不准时，可自行校正。其动作过程如图 3-55 所示，在插入装配中工件局部被卡住时，将会受到阻力，促使柔顺手腕起作用，使手爪有一个微小的修正量，工件便能顺利插入。图 3-56 所示是某种结构形式的柔顺手腕，其工作原理与上述柔顺手腕相似。图 3-57 所示是采用板弹簧作为柔性元件组成的柔顺手腕，在基座上通过板弹簧 1、2

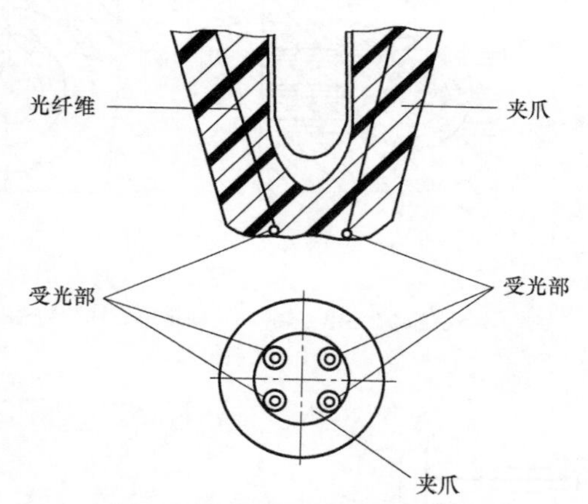

图 3-53 柔顺手腕结构示意图

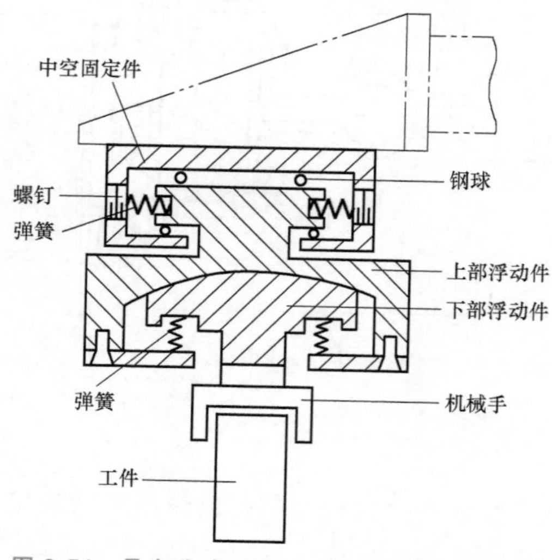

图 3-54 具有移动和摆动浮动机构的柔顺手腕

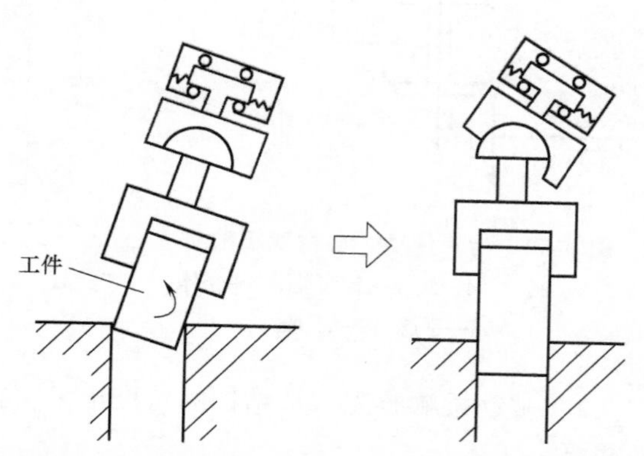

图 3-55 具有移动和摆动浮动机构的柔顺手腕动作过程

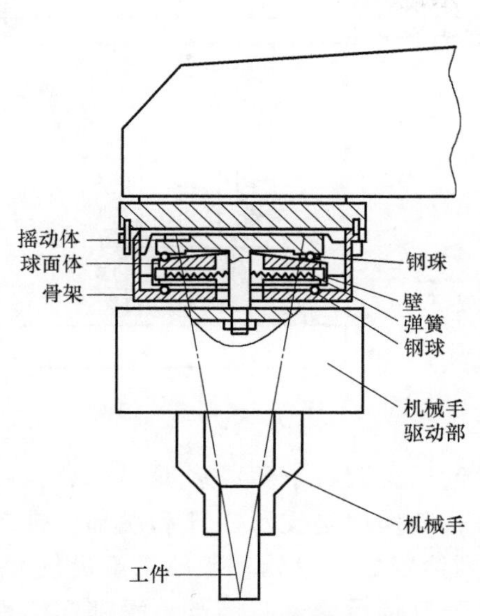

图 3-56 某种结构形式的柔顺手腕

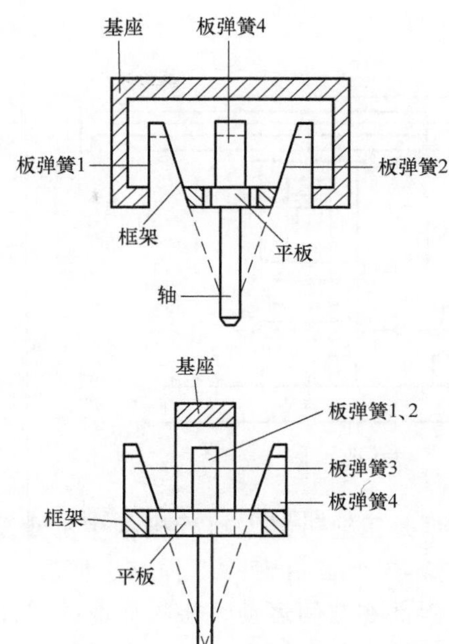

图 3-57 采用板弹簧作为柔性元件组成的柔顺手腕

连接框架，框架另两个侧面上通过板弹簧 3、4 连接平板和轴，装配时通过 4 块板弹簧的变形实现柔顺性装配。图 3-58 所示是采用数根钢丝弹簧并联组成的柔顺手腕。

两种柔顺手腕的比较。

主动柔顺手腕的优缺点。

1）缺点。需要装配一定功能的传感器，价格较贵。由于反馈控制响应能力的限制，装配速度较慢。

2）优点。可以在较大范围内进行对中校正，装配间隙可小至几微米，通用性强。

被动柔顺手腕的优缺点。

1）缺点。允许的校正补偿量受到限制，轴孔间隙不能太小。

2）优点。结构比较简单，价格便宜，装配相对速度快。

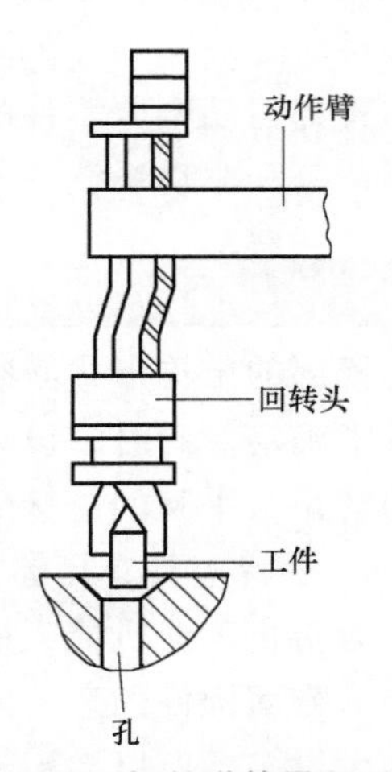

图 3-58 钢丝弹簧柔顺手腕

3.3 机身和臂部结构

3.3.1 概述

机身又称立柱，是工业机器人支承臂部的部件。同时，大多数工业机器人必须有一个便于安装的基础部件，这就是机器人的基座，基座往往与机身做成一体。机身往往具有升降、回转及俯仰 3 个自由度。如图 3-59 和图 3-60 所示为常见的几种机身结构。

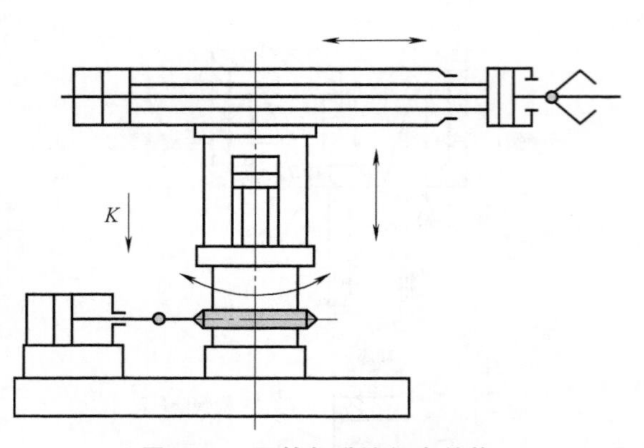

图 3-59 回转与升降机身结构

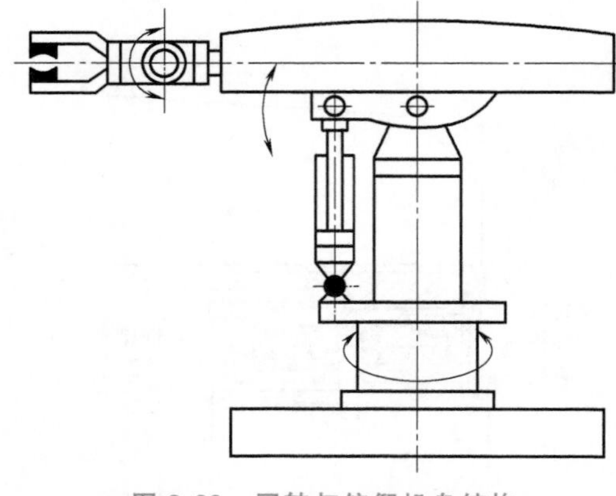

图 3-60 回转与俯仰机身结构

臂部是工业机器人执行机构中的重要部件，主要包括大臂、小臂或多臂等部分，一般具有 2~3 个自由度（即伸缩、回转、俯仰和升降），其作用是支承手部和腕部，带动手部及腕部在空间运动，将被抓取的工件或工具运送到给定的位置处。臂部总重量较大，受力一般较为复杂。在运动过程中，工业机器人的臂部直接承受来自腕部、手部和工件（或工具）的动、静载荷，将产生较大的惯性力（或惯性力矩），引起冲击，影响定位的准确性。

臂部运动部分零件的重量直接影响着臂部结构的刚度和强度。工业机器人的臂部一般与控制系统和驱动系统一起安装在机身上，机身可以是固定式的，也可以是移动式的。

3.3.2 臂部的设计要求

臂部的结构形式必须根据工业机器人的运动形式、抓取重量、动作自由度、运动精度等因素来确定。同时，设计时还必须考虑到手臂的受力情况、油（气）缸及导向装置的布置、内部管路与手腕的连接形式等各种因素。因此设计臂部时一般要注意下述要求：

1. 手臂应具有足够的承受能力和刚度

为防止工业机器人的臂部在运动过程中产生过大的变形，手臂的截面形状要合理选择。工字形截面构件的弯曲刚度一般比圆截面构件的要大；空心轴的弯曲刚度和扭转刚度都比实心轴大得多，所以常用钢管做臂杆及导向杆，用工字钢和槽钢做支承板。

2. 导向性要好

为防止工业机器人的臂部在直线运动过程中，沿运动轴线发生相对转动，应设置导向装置或设计方形、花键等形式的臂杆。导向装置的具体结构形式一般应根据载荷大小、手臂长度、行程以及手臂的安装形式等因素来决定。导轨的长度不宜小于其间距的 2 倍，以保证导向性良好。

3. 重量要轻、转动惯量要小

为提高工业机器人的运动速度，要尽量减小臂部运动部分的重量，以减小整个手臂对回转轴的转动惯量。此外，为防止工业机器人臂部在升降过程中发生卡死或爬行现象，还应注意减小偏重力矩，尽量减小臂部运动部分的重量，使臂部的重心与立柱中心尽量靠近，此外还可以采取“配重”的方法来减小和消除偏重力矩。

4. 运动要平稳、定位精度要高

由于工业机器人的臂部运动速度越高，惯性力引起的定位前的冲击也就越大，导致运动既不平稳，定位精度又不高。因此，除了臂部设计上要力求结构紧凑、重量轻外，还要采用一定形式的缓冲措施。工业机器人常用的缓冲装置有弹性缓冲元件、液压（气）缸端部缓冲装置、缓冲回路和液压缓冲器等。按照在机器人或机械手结构中设置位置的不同，可分为内部缓冲装置和外部缓冲装置两类。

5. 合理设计与腕和机身的连接部位

因为工业机器人臂部的安装形式和位置不仅关系到工业机器人的强度、刚度和承载能力，还直接影响工业机器人的外观，在结构设计中应全面地考虑所采用的各元器件与机构的特点和特性、作业和控制要求，进行合理布局，处理具体结构。

3.3.3 臂部的分类

工业机器人机械手臂可以细分为很多类型，主要有：

1）工业机器人机械手臂按臂部的运动形式可分为四种。直角坐标型的臂部可沿三个直角坐标移动；圆柱坐标型的臂部可进行升降、回转和伸缩动作；球坐标型的臂部能回转、俯仰和伸缩；关节型的臂部有多个转动关节。

直角坐标型工业机器人的结构如图 3-61 所示，它在 x、y、z 轴上的运动是独立的。臂部由三个相互正交的移动副组成。带动腕部分别沿 x、y、z 三个坐标轴的方向做直线移动。结构简单，运动位置精度高。但所占空间较大，工作范围相对较小。

圆柱坐标型工业机器人的结构如图 3-62 所示，R、θ 和 x 为坐标系的三个坐标，其中 R 是手臂的径向长度，θ 是手臂的角位置，x 是垂直方向上手臂的位置。如果工业机器人手臂的径向坐标 R 保持不变，工业机器人手臂的运动将形成一个圆柱表面。臂部由一个转动副和两个移动副组成。相对来说，该结构所占空间较小，工作范围较大，应用较广泛。

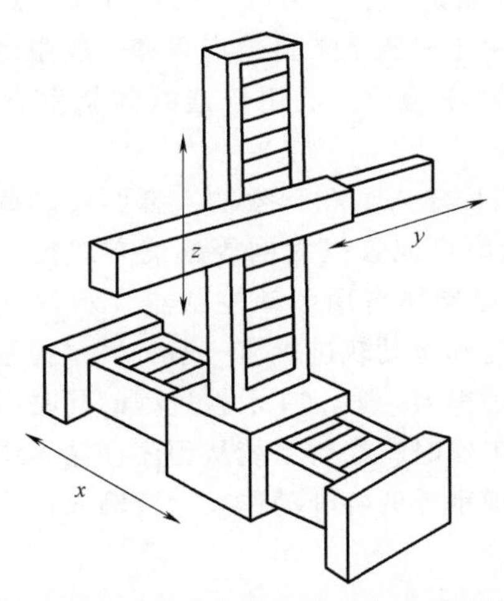

图 3-61 直角坐标型工业机器人的结构

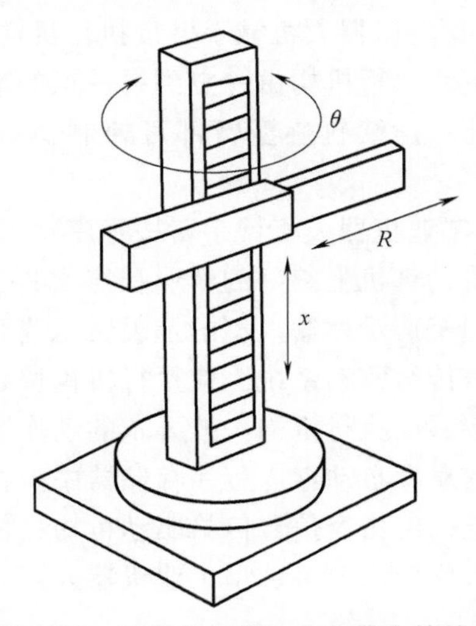

图 3-62 圆柱坐标型工业机器人的结构

极坐标型工业机器人又称为球坐标型工业机器人，其结构如图 3-63 所示，R、θ 和 β 为坐标系的坐标。其中 θ 是绕手臂支撑底座垂直的转动角，β 是手臂在铅垂面内的摆动角。这种工业机器人运动所形成的轨迹表面是半球面。臂部由两个转动副和一个移动副组成。产生沿手臂轴 x 的直线移动，绕基座轴 y 的转动和绕关节轴 z 的摆动。其手臂可做绕 z 轴的俯仰运动，能抓取地面上的物体。

如图 3-64 所示，多关节工业机器人是以其各相邻运动部件之间的相对角位移作为坐标系的。θ、α 和 ϕ 为坐标系的坐标，其中 θ 是绕底座铅垂轴的转角，ϕ 是过底座的水平线与第一臂之间的夹角，α 是第二臂相对于第一臂的转角。这种机器人手臂可以达到球形体积内绝大部分位置，所能达到区域的形状取决于两个臂的长度比例。多关节工业机器人由动力型旋转关节和前、下两臂组成，以臂部各相邻部件的相对角位移为运动坐标，动作灵活，所占空间小，工作范围大，能在狭窄空间内绕过各种障碍物。

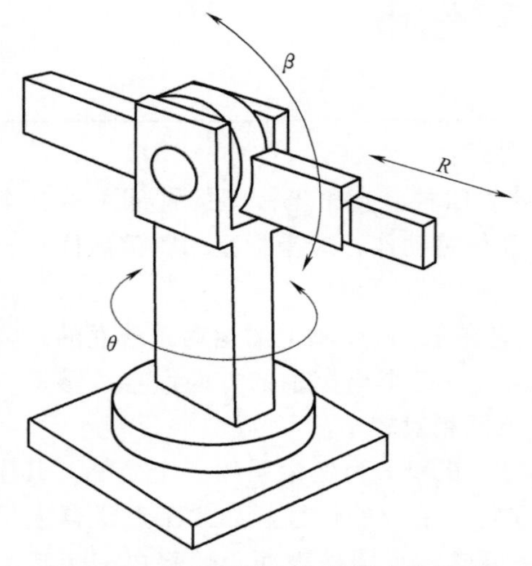

图 3-63 极坐标型工业机器人的结构

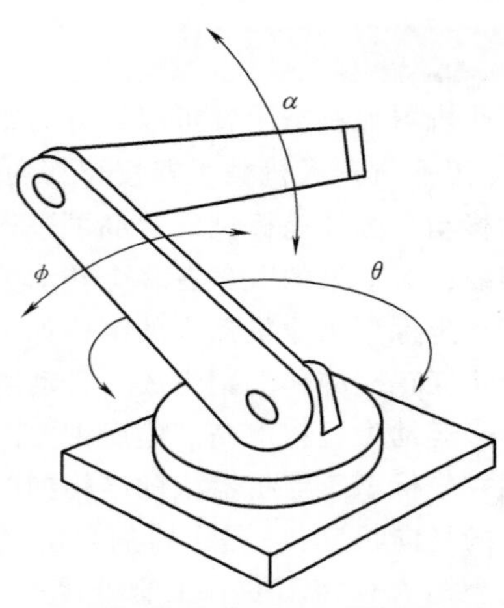

图 3-64 多关节工业机器人的结构

2）工业机器人机械手臂按执行机构运动的控制机能又分点位型和连续轨迹型。点位型臂部只控制执行机构由一点到另一点的准确定位，适用于机床上下料、点焊和一般搬运、装卸等作业；连续轨迹型臂部可控制执行机构按给定轨迹运动，适用于连续焊接和涂装等作业。

3）工业机器人机械手臂按程序输入方式可分为编程输入型和示教输入型两类。编程输入型是将计算机上编好的作业程序文件，通过 RS232 串口或者以太网等通信方式传送到机器人控制柜。示教输入型的示教方法有两种：一种是由操作者用手动控制器（示教盒）将指令信号传给驱动系统，使执行机构按要求的动作顺序和运动轨迹操演一遍；另一种是由操作者直接领动执行机构，按要求的动作顺序和运动轨迹操演一遍。在示教过程的同时，工作程序的信息即自动存入程序存储器中。在机器人自动工作时，控制系统从程序存储器中检出相应信息，将指令信号传给驱动机构，使执行机构再现示教的各种动作。示教输入程序的工业机器人称为示教再现型工业机器人。

3.3.4 臂部的结构形式

1. 手臂的直线运动机构

工业机器人手臂的伸缩、升降及横向（或纵向）移动均属于直线运动，而实现手臂往复直线运动的机构形式较多，常见的有活塞液压（气）缸、活塞缸和齿轮齿条机构、丝杠机构、连杆机构等。

直线往复运动可采用液压或气压驱动的活塞液压（气）缸。由于活塞液压（气）缸的体积小，重量轻，因而在工业机器人臂部结构中应用较多。图 3-65 所示为四导向柱式手臂的伸缩机构，手臂和手腕是通过连接板安装在升降液压缸的下端，当升降液压缸腔内通入压力油时，则推动手臂做往复直线运动。由于手臂的伸缩液压缸安装在两根导向杆之间，由导向杆承受弯曲作用，手臂只受拉压作用，故受力简单，传动平稳，外观整齐美观，结构紧凑。

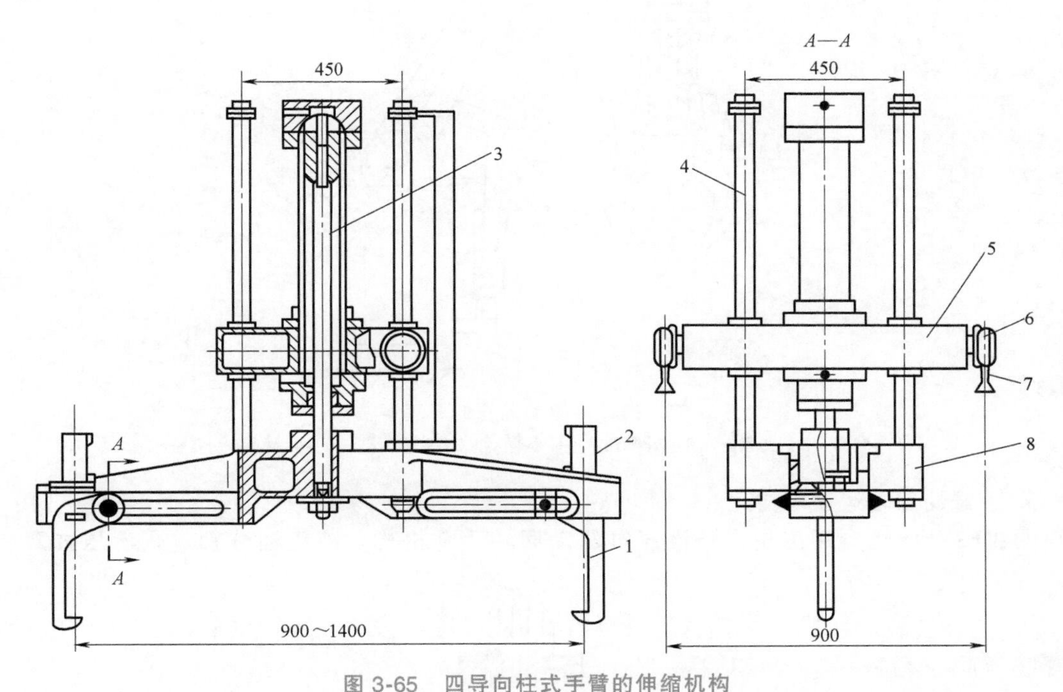

图 3-65　四导向柱式手臂的伸缩机构

1—手部　2—夹紧缸　3—升降液压缸　4—导向柱　5—运行架　6—行走车轮　7—轨道　8—支座

如图 3-66 所示，工业机器人手臂的伸缩、横向移动均属于直线运动。为了使手臂移动的距离和速度有定值的增加，可以采用齿轮齿条传动的增倍机构。

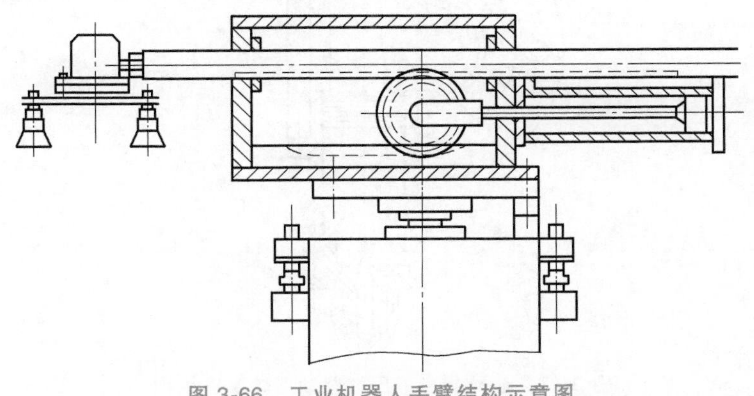

图 3-66　工业机器人手臂结构示意图

2. 手臂的俯仰运动机构

工业机器人手臂的俯仰运动一般采用活塞液压（气）缸与连杆机构联用来实现。工业机器人手臂的俯仰运动用的活塞缸位于手臂的下方，其活塞杆和手臂用铰链连接，缸体采用尾部耳环或中部销轴等方式与立柱连接，如图 3-67 所示的摆动缸驱动连杆俯仰手臂机构。

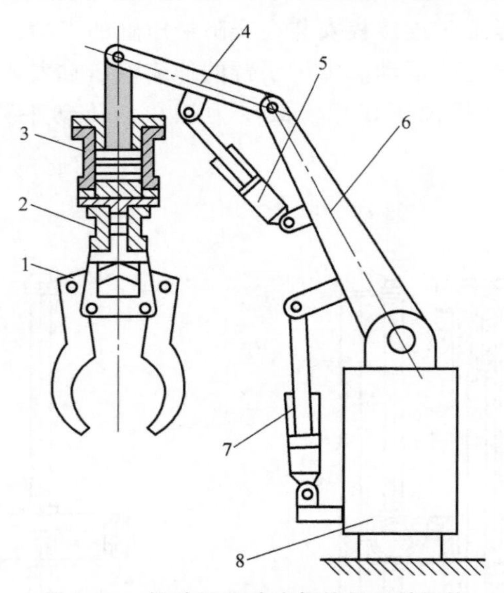

图 3-67　摆动缸驱动连杆俯仰手臂机构

1—手部　2—夹紧缸　3—升降缸　4—小臂　5、7—摆动缸　6—大臂　8—立柱

3. 手臂的回转运动机构

图 3-68 所示为利用齿轮齿条液压缸驱动回转手臂机构。液压油分别进入液压缸两腔，

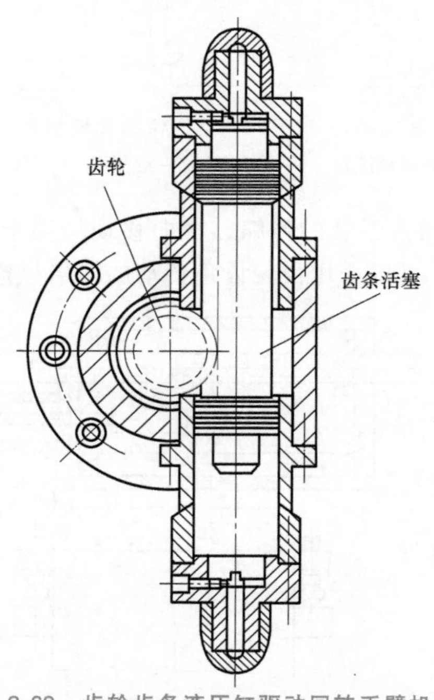

图 3-68　齿轮齿条液压缸驱动回转手臂机构

推动齿条活塞做往复移动，与齿条啮合的齿轮即做往复回转运动。齿轮与手臂固连，从而实现手臂的回转运动。

图 3-69 所示为采用活塞杆和连杆机构驱动双臂结构。当液压缸 1 的两腔通液压油时，连杆 2 带动曲柄 3 绕轴心 O 做 90°的上下摆动。手臂摆到水平位置时，其水平和侧向的定位由支承架 4 上的定位螺钉 5 和 6 来调节。

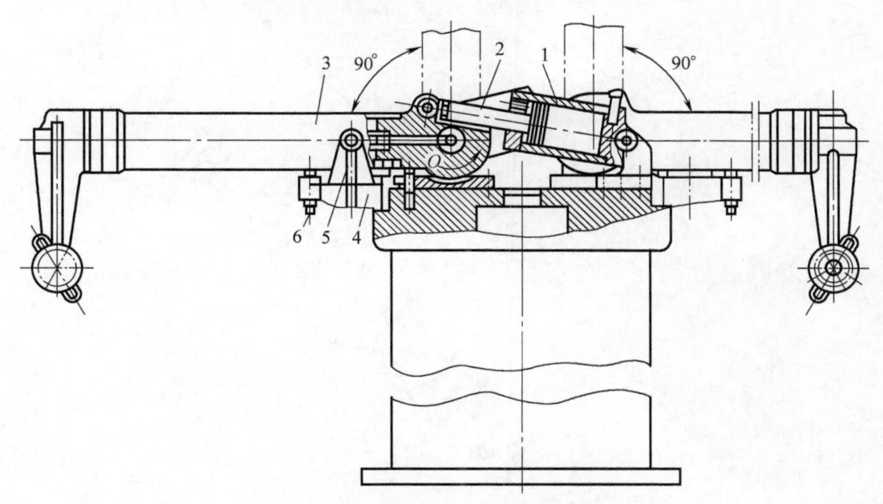

图 3-69 活塞杆和连杆机构驱动双臂结构

1—液压缸 2—连杆 3—曲柄 4—支承架 5、6—定位螺钉

4. 手臂的升降机构

手臂的升降机构常采用升降缸单独驱动，适用于升降行程短而回转角度小于 360°的情况，也采用升降缸与气马达—锥齿轮传动的结构。

第4章

工业机器人驱动与传动方式

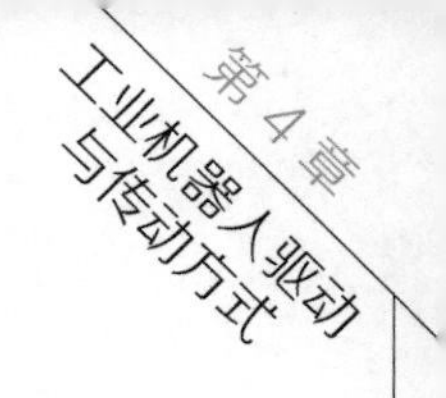

4.1 驱动方式

工业机器人驱动装置是带动臂部到达指定位置的动力源。通常动力是直接或经电缆、齿轮箱或其他方法送至臂部。工业机器人驱动系统常用的驱动方式主要有液压驱动、气压驱动、直流电动机驱动和步进电动机驱动四种基本类型。在工业机器人出现的初期，由于其运动大多采用曲柄机构、导杆机构等连杆机构，所以大多使用液压驱动和气压驱动。伴随着对作业高速化的要求，以及对各部分动作要求的逐渐提高，电气驱动的机器人所占比例日益增加。

在选择机器人驱动器时，除了要充分考虑机器人的工作要求，如工作速度、最大搬运物重、驱动功率、驱动平稳性、精度要求外，还应考虑到是否能够在较大的惯性负载条件下，提供足够的加速度以满足作业要求。

1. 液压驱动特点

液压驱动所用的压力为0.5~14MPa。

(1) 优点

1) 能够以较小的驱动器输出较大的驱动力或力矩，即获得较大的功率重量比。

2) 可以把驱动液压缸直接做成关节的一部分，故结构简单紧凑，刚性好。

3) 由于液体的不可压缩性，定位精度比气压驱动高，并可实现任意位置的起停。

4) 液压驱动调速比较简单和平稳，能在很大调整范围内实现无级调速。

5) 使用安全阀可简单而有效地防止过载现象发生。

6) 液压驱动具有润滑性能好、寿命长等特点。

(2) 缺点

1) 油液容易泄漏。这不但影响工作的稳定性与定位精度，而且会造成环境污染。

2) 因油液黏度随温度而变化，所以在高温与低温条件下很难应用。

3) 因油液中容易混入气泡、水分等，使系统的刚性降低，速度特性及定位精度变差。

4) 需配备压力源及复杂的管路系统，因此成本较高。

(3) 适用范围　液压驱动方式大多用于要求输出力较大而运动速度较低的场合。在机器人液压驱动系统中，近年来以电液伺服系统驱动最具有代表性。

2. 气压驱动的特点

气压驱动在工业机械手中用得较多。使用的压力通常在0.4~0.6MPa，最高可达1MPa。

(1) 优点

1) 快速性好，这是因为压缩空气的黏性小，流速大，一般压缩空气在管路中的流速可达180m/s，而油液在管路中的流速仅为2.5~4.5m/s。

2) 气源获取方便，一般工厂都有压缩空气站供应压缩空气，也可由空气压缩机取得。

3) 废气可直接排入大气不会造成污染，因而在任何位置只需一根高压管连接即可工作，所以比液压驱动干净而简单。

4) 通过调节气量可实现无级变速。

5) 由于空气的可压缩性，气压驱动系统具有较好的缓冲作用。

6) 可以把驱动器做成关节的一部分，因而结构简单、刚性好、成本低。

（2）缺点

1）因为工作压力偏低，所以功率重量比小、驱动装置体积大。

2）基于气体的可压缩性，气压驱动很难保证较高的定位精度。

3）使用后的压缩空气向大气排放时，会产生噪声。

4）因压缩空气含冷凝水，使得气压系统易锈蚀，在低温下易结冰。

3. 电气驱动的特点

电气驱动是利用各种电动机产生力和力矩，直接或经过机械传动去驱动执行机构，以获得机器人的各种运动。因为省去了中间能量转换的过程，所以比液压及气压驱动效率高，使用方便且成本低。电气驱动大致可分为普通电动机驱动、步进电动机驱动和直线电动机驱动三类。

1）普通电动机驱动的特点。普通电动机包括交流电动机、直流电动机及伺服电动机。交流电动机一般不能进行调速或难以进行无级调速，即使是多速电动机，也只能进行有限的有级调速。直流电动机能够实现无级调速，但直流电源价格较高，因而限制了它在大功率机器人上的应用。

2）步进电动机驱动的特点。步进电动机又称为脉冲电动机，是数字控制系统中常用的一种执行元件。它将脉冲电信号变换成相应的角位移或直线位移。电动机转动的步数与脉冲数成对应关系，在电动机的负载能力范围内，该关系不因电源电压、负载大小、环境条件的波动而变化，因此步进电动机可以在很宽的范围内通过改变脉冲频率来调速，能快速起动、反转与制动。步进电动机的输入脉冲速度增高，相应输出力矩减小，因而在大负载场合需采用电液步进电动机。

步进电动机一般采用开环控制，结构简单，位置与速度容易控制，响应速度快，力矩比较大，可以直接用数字信号控制。但由于步进电动机控制系统大多采用全开环控制方式，没有误差校正能力，精度较差，当负载过大或振动冲击过大时会造成失步现象，难以保证精度。

3）直流电动机驱动的特点。直流伺服电动机分为有刷和无刷两种。其优点是其转子的转动惯量小，动态性能好，体积小、效率高、起动力矩大，速度可任意选择，电枢和磁场都可控制，可在很宽的速度范围内保持高效率。有刷直流伺服电动机的缺点是电刷的机械触点的连接会产生电火花，在易燃介质下易引起事故，并且电刷的摩擦、磨损带来了维护和寿命的问题。

为降低电动机转子的惯性、提高响应速度，在直流伺服电动机中，发展了微型电动机和印制电路板电动机。这些电动机采用平滑型电枢机构，具有电气时间常数小的优点。

4）交流伺服电动机的特点。近年来，交流伺服电动机在机器人驱动系统中已大量应用，其特点是：除轴承外无机械接触点，因此没有有刷直流电动机因电刷接触产生电火花的缺点，适合在有易燃介质环境中使用。此外，交流伺服电动机坚固，维护方便，控制比较容易，回路绝缘简单，漂移小。其缺点为：比直流电动机效率低，平衡时励磁线圈有电力消耗，重量比同等驱动力的其他类电动机大。

4.1.1 电动驱动系统

1. 直流伺服电动机

直流电动机是工业机器人中应用最广泛的电动机之一。它在一个方向连续旋转，或在相

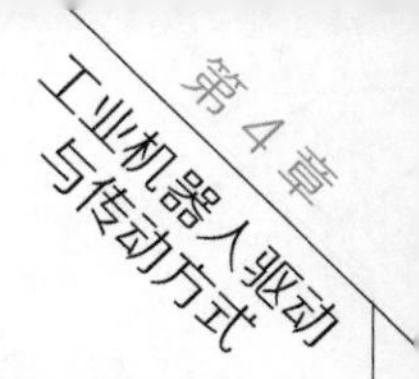

反的方向连续旋转，运动连续平滑，且本身没有位置控制能力。因此要实现精确的位置控制，必须加入某种形式的位置反馈，构成闭环伺服系统。如果机器人的运动还有速度要求，还要加入速度反馈。直流电动机与位置反馈、速度反馈构成一个整体，即直流伺服电动机。由于采用了闭环伺服控制，因此能够实现平滑的控制，并产生较大的力矩。

直流电动机可达到很大的力矩重量比，远高于步进电动机，与液压系统不相上下。直流驱动精度高，加速迅速，且可靠性高。现代直流电动机的发展得益于稀土磁性材料的发展。这种材料能在紧凑的电动机上产生很强的磁场，从而改善了直流电动机的起动特性。另外，电刷和换向器制造工艺的改进也提高了直流电动机的可靠性。此外，固态电路功率控制能力的提高，使大电流的控制得以实现且费用不高。当今，大部分机器人都采用直流伺服电动机驱动机器人的各个关节。

(1) 直流伺服电动机的种类和特点　直流伺服电动机的工作原理和基本结构均与一般动力用直流电动机相同。按励磁方式的不同可分为永磁式、他励式、并励式、串励式等。在机器人驱动系统中多采用永磁式直流伺服电动机。常见类型有以下几种。

1) 小惯量直流永磁式。这种电动机转子直径较小，因此电动机的惯量小，理论加速度大，快速性能好。缺点是低速时输出力矩较小，负载惯量的变化对系统影响较大。

2) 印刷绕组直流永磁式。这种电动机又称盘式电动机，转子由薄片形绕组叠装而成，整个转子无铁心。其快速响应好，可频繁起动、制动、正反转，转子无磨损，效率高，换向性能好，寿命长，负载变化时转速变化率小，输出力矩平稳。

3) 大惯量直流永磁式。又称力矩电动机。该电动机的特点是输出力矩大，转矩波动小，机械硬度高，可不用变速装置而直接驱动负载，且对负载惯性匹配要求不高。

(2) 直流伺服电动机驱动器　直流伺服电动机的控制方法有两种。电枢控制——把控制信号加在电枢两端。励磁控制——把控制信号加在励磁绕组上来控制电动机的转速和转矩。由于电枢控制具有较好的力学特性和控制特性，目前大多数直流伺服电动机采用电枢控制。电枢控制的直流伺服电动机驱动器一般为脉宽调制（PWM）伺服驱动器。图4-1所示

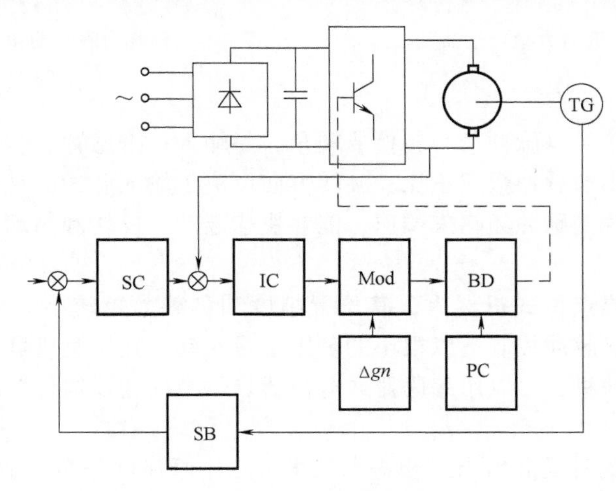

图4-1　PWM伺服驱动器

SC—速度控制器　IC—电流控制器　Mod—调制器　Δgn—三角波发生器　PC—保护电器

BD—基板驱动电路　SB—速度反馈单元　TG—测速机

为 PWM 伺服驱动器框图，开关元件选用大功率三极管并以固定的开关频率动作，其脉冲宽度随电路控制而改变。改变脉冲宽度时，加在电枢两端的平均电压也随之变化，从而改变电动机的转速和转矩。

（3）直流伺服电动机的力学特性　当电枢电压一定时，直流伺服电动机的转速与输出力矩的关系称为力学特性。图 4-2 所示为直流伺服电动机的力学特性曲线。如图 4-2 可知，电动机转速与输出力矩呈线性关系。各直线与纵轴的交点为理想空载转速，此时的输出力矩为零。直线与横轴的交点为起动力矩，此时转速为零。如果负载力矩变化时，对转速的影响不大，那么称直流伺服电动机的力学特性很硬。

（4）直流伺服电动机的控制特性　直流伺服电动机的控制特性，即为电动机在一定负载下，稳态转速随控制信号的变化关系。图 4-3 所示为直流伺服电动机的控制特性曲线图。当负载 M 一定时，控制电压 U 与电动机转速 n 呈线性关系，代入不同的 M 值获得一组平行曲线。直线与电压轴 U 的交点称为起动电压。当电枢两端的控制电压小于起动电压时，由于电动机产生的力矩 M 小于阻力矩而没有运动输出。通常将控制电压小于起动电压的这一段称为死区。可以看出，电动机输出力矩 M 越大，起动电压也越大。

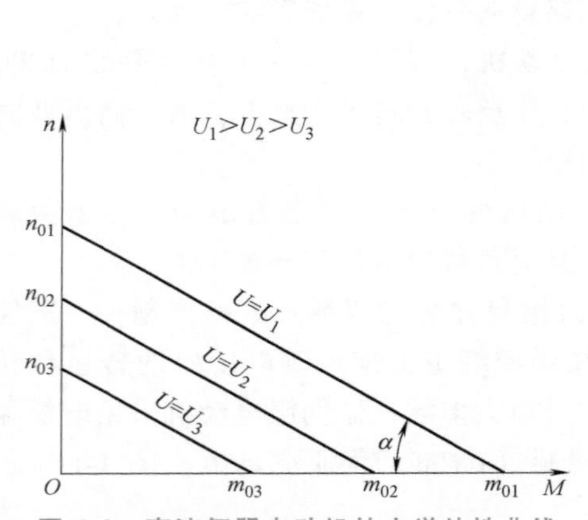

图 4-2　直流伺服电动机的力学特性曲线

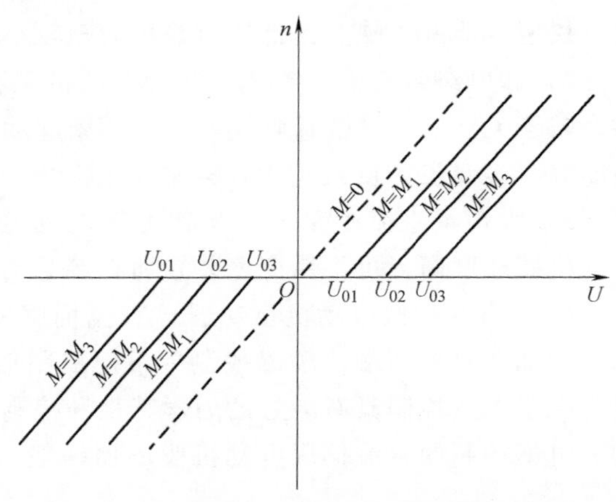

图 4-3　直流伺服电动机的控制特性曲线图

2. 步进电动机

步进电动机可直接将电脉冲信号转换成转角，每输入一个脉冲，步进电动机就回转一定的角度，其角度的大小与脉冲数成正比，旋转方向取决于输入脉冲的顺序。步进电动机可在很宽的范围内，通过改变脉冲频率来调速，能够快速起动、反转和制动，有较强的阻碍偏离的抗力。

对于小型机器人或点位式机器人，其位置精度和负载力矩较小，可采用步进电动机驱动。这种电动机能在电脉冲控制下以很小的步距增量运动。在小型机器人上，有时也用步进电动机作为主驱动电动机，可以用编码器或电位器提供精确的反馈位置，所以步进电动机也可用于闭环控制。

（1）步进电动机的种类和特点　步进电动机按工作原理可分为励磁式（电动机的定子、转子均有绕组，靠电磁力矩使转子转动）、反应式（转子无绕组，定子绕组励磁后产生反应力矩）和混合式（与反应式的主要区别在于转子上置有磁钢）。

步进电动机和一般旋转电动机一样，分为定子和转子两大部分。定子由硅钢片叠成，装上一定相数的控制绕组，由环形分配器送来的电脉冲对多相定子绕组轮流进行励磁；转子用硅钢片叠成或用软磁性材料做成凸极结构，转子本身没有励磁绕组的称为反应式步进电动机，用永久磁铁做转子的称为永磁式步进电动机。尽管步进电动机的结构形式繁多，但工作原理都相同。图4-4所示为一台三相反应式步进电动机的结构示意图。

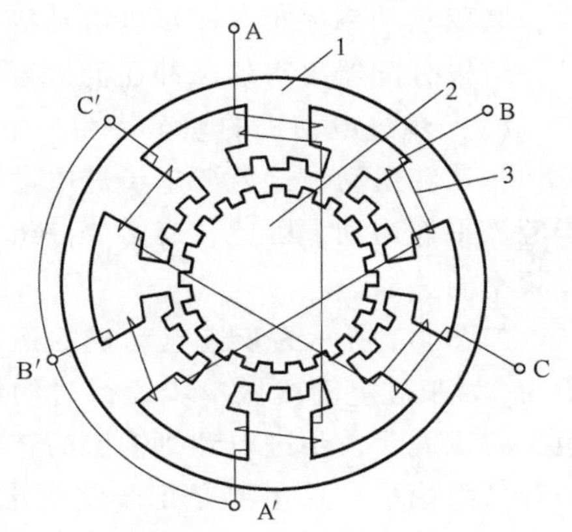

图4-4　三相反应式步进电动机的结构示意图
1—定子　2—转子　3—定子绕组

步进电动机的转速既取决于控制绕组通电的频率，又取决于绕组通电方式，三相步进电动机一般有单三拍、单双六拍及双三拍等通电方式。步进电动机通电顺序示意图如图4-5所示。转子齿数越多，步距角越小，可提高控制精度。同样，增加定子相数也会得到相同的结果，但相数越多，电源及电动机的结构就越复杂。

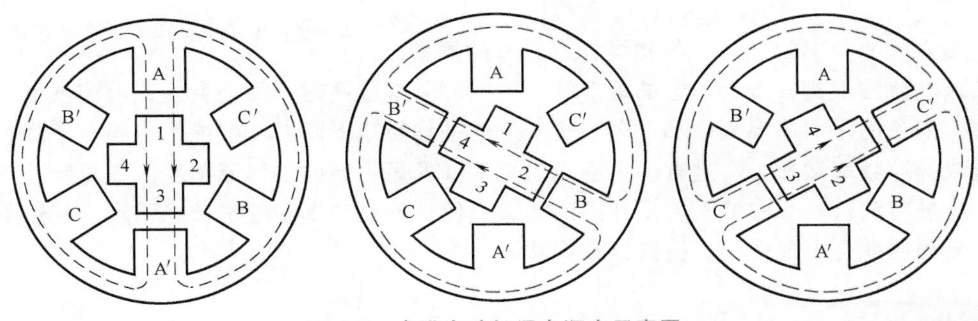

图4-5　步进电动机通电顺序示意图

（2）步进电动机的驱动器　步进电动机的控制装置主要包括脉冲发生器、环形分配器和功率放大器等。图4-6所示为步进电动机驱动器框图。

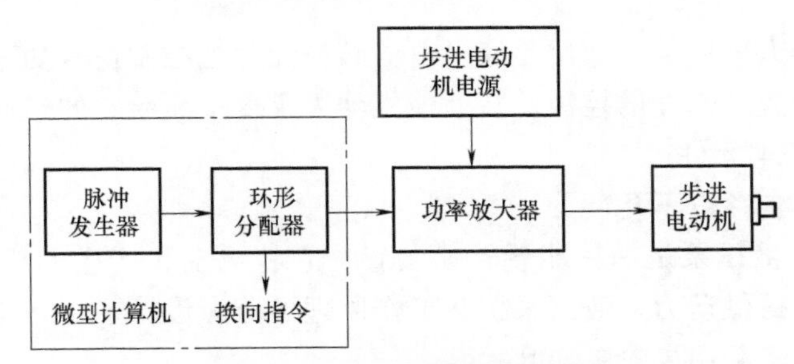

图4-6　步进电动机驱动器框图

步进电动机绕组是按一定通电方式工作的，为实现这种轮流通电，需将控制脉冲按规定的通电方式分配到电动机的每相绕组。这种分配既可以用硬件来实现又可以用软件来实现。实现脉冲分配的硬件逻辑电路称为环形分配器。在计算机数字控制系统中，采用软件实现脉冲分配的方式称为软件环分。

经过分配器输出的脉冲能够使步进电动机绕组按规定顺序通电。但输出的脉冲未经放大时，其驱动功率很小，而步进电动机绕组需要相当大的功率，包含一定的电流和电压才能驱动，所以分配器出来的脉冲还需进行功率放大才能驱动步进电动机。

（3）步进电动机的动态特性　由于步进电动机要在不同的转速和频率下经常起动、制动、正反转运动，这就要求步进电动机的步数与脉冲数严格相等，既不丢步又不越步，且转子应该平稳运动。因此，有必要分析步进电动机的动态特性，即步进电动机的动态转矩与脉冲频率的关系。

如图 4-7 所示为步进电动机的运行矩频特性。图中 M_q 为步进电动机做单步运行时的最大允许负载转矩。曲线表明，步进电动机输出的转矩随着脉冲频率的升高而减小。这主要是定子绕组电感影响的结果。因为电感有延缓电流变化的作用，在给某相绕组加电压后，绕组的电流由于受电感的影响不会立即上升到规定值，而是按指数规律上升。同样在绕组断电时，绕组中的电流也不会立刻下降为零，而是以指数规律下降。

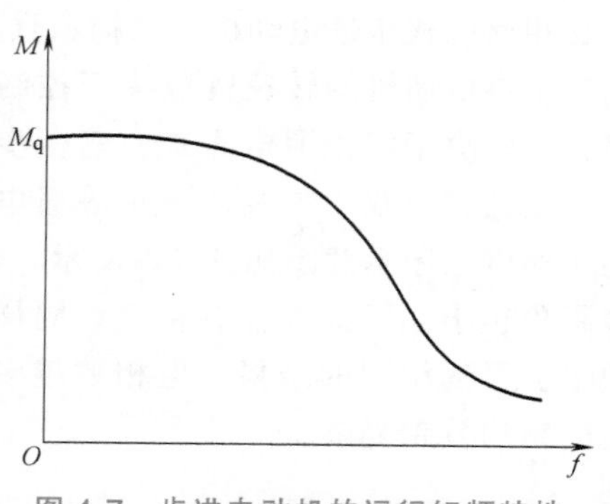

图 4-7　步进电动机的运行矩频特性

当输入脉冲频率较低时，各相绕组通断电的周期比较长，电流波形比较接近理想的矩形波。当脉冲频率较高时，周期变短，电流波形接近于三角波，电流的平均值大大减小，电动机产生的平均转矩下降，负载能力也明显下降。

造成脉冲频率增加，步进电动机动态力矩下降的另一原因是涡流损耗。随着脉冲频率的增高，步进电动机铁心中的涡流损耗迅速增加，使得输出功率和输出转矩下降。到达某一频率后，电动机就会出现失步、振荡以致停转。

4.1.2　液压驱动系统

液压系统在机器人中应用很广泛。目前虽然在中等负荷以下的工业机器人中多采用电动机驱动系统，但在简易经济型机器人、重型机器人和喷涂机器人中采用液压系统的仍占较大比重。

液压系统在机器人中所起的作用是通过电液转换元件把控制信号功率放大后，对液压动力机构进行方向、位置和速度的控制，从而使机器人手臂按照给定的运动规律动作。

1. 液压系统的基本元件

液压系统的组成包括以下几部分：

（1）驱动元件　液压泵是一种能量转换装置，它将电动机产生的机械能转化为油液的压力能，为液压系统提供动力。液压泵按其工作原理可分为齿轮泵、叶片泵、柱塞泵、螺杆泵等。在机器人中大多采用齿轮泵和叶片泵。

（2）执行元件　执行元件是把液压能转换成机械能的能量转换装置。实现回转运动的称为液压马达，实现往复运动的称为液压缸。液压缸的结构形式分为活塞缸、柱塞缸、摆动缸三类。活塞缸和柱塞缸实现往复直线运动，输出速度和推力；摆动缸实现往复摆动，输出速度和转矩。

（3）控制元件　液压系统的控制元件是各种阀，用来控制或调节液压系统中油液流动方向、压力或流量。对系统工作的可靠性、平稳性、协调性起着重要作用。

1）压力控制阀。即对油液压力进行控制的液压阀，包括溢流阀、减压阀、顺序阀等。这类阀利用阀芯上的液压作用力和弹簧力保持平衡，以控制阀口开度来实现压力控制。

2）流量控制阀。它是通过改变阀口的通流面积或过流通道的长短来改变液阻，从而控制通过阀的流量来调节执行元件运动速度。常用的有节流阀，各种类型的调速阀以及由它们组成的组合阀。

3）方向控制阀。它是通过控制液压系统中液流方向和经由通道，以改变执行元件的运动方向和工作顺序的控制阀。方向控制阀主要有单向阀和换向阀两类。单向阀使油液只在一个方向上通过而不能反向流动。换向阀是依靠阀芯在阀体内轴向移动以改变液流方向。通常将阀与液压系统中管路相通的阀口数称为通，阀芯相对于阀体的不同工作位置称为位。

（4）辅助装置　液压系统的辅助装置包括油箱、过滤器、蓄能器、空气滤清器、管路元件等。油箱的作用是保证供油系统有充分的工作油液，还具有储存油液，使渗入油液中的空气逸出，沉淀油液中污物和散热等作用。过滤器可将循环使用的油液中的杂质去掉，根据不同的工作条件，可选择不同过滤精度的过滤器。空气滤清器主要用于过滤进入油箱的空气。蓄能器是储存和释放液体压力能的装置。它在液压系统中的作用主要是用来维持系统的压力，作为应急油源以及吸收冲击压力。蓄能器有重力式、弹簧式和气体加载式，而气体加载式又有气瓶式、活塞式和气囊式等形式。

2. 液压系统的控制回路

机器人的液压系统是根据机器人自由度的多少及运动要求，由一些基本回路组成的。这些基本回路包括调速回路、压力控制回路、方向控制回路等。

（1）调速回路　在机器人液压系统中，调速回路占有突出的地位，调速回路工作性能的好坏对整个系统起着决定性作用。调速回路往往是机器人液压系统的核心，其他回路都是围绕着调速回路配置的。

1）单向节流调速回路。机器人液压系统中的调速回路是由定量泵、流量控制阀、溢流阀和执行元件等组成的，通过改变流量控制阀阀口的开度，调节和控制油液流入或流出执行元件的流量，从而调节执行元件运动速度。

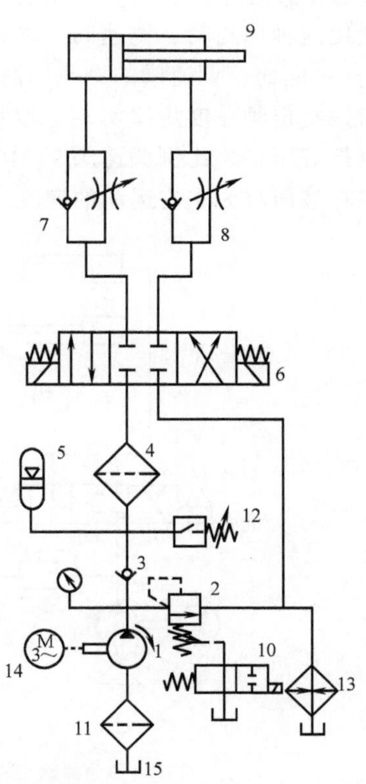

图 4-8　单向回油节流调速回路

1—定量泵　2—溢流阀　3—单向阀　4、11—过滤器　5—蓄能器　6—换向阀　7、8—单向节流阀　9—液压缸　10—二位二通阀　12—压力继电器　13—加热器　14—电动机　15—油箱

图4-8所示为单向回油节流调速回路。定量泵1提供恒定流量的液压油，由溢流阀2调定供油压力，其中一部分油液经单向阀3、过滤器4到三位四通换向阀6。当换向阀6左边电磁铁通电后，阀芯右移，液压油经左边通道及单向节流阀7进入液压缸9的左腔，推动活塞向右运动。液压缸右腔的油液经单向节流阀8回油节流后，通过换向阀6回到油箱。调节节流阀的通流面

积，即可调节进入液压缸的流量，从而控制机器人动作的运动速度。

机器人运动时，要克服自身相对运动件表面间的摩擦阻力，手部要夹持工件，需要一定的夹持力，故要求液压系统保持一定的压力，这个压力的调定，是由溢流阀 2 实现的。液压泵 1 输出的液压油除通过单向阀 3 外，还有一支路通过溢流阀 2。当油液压力增高到一定程度时，液压油就通过溢流阀 2 及二位二通阀 10 回到油箱。过滤器 11 起过滤油液中杂质的作用，以保证吸入液压泵的油液清洁。压力继电器 12 起过压发信作用，控制二位二通阀动作使液压泵卸荷。单向阀 3 起单向过流和系统保压作用。蓄能器 5 补充系统各处的泄漏，以保证压力的稳定。

2）同步控制回路。机器人的某些动作有时要求同步，实际上由于每个液压缸所承受的负载不同、摩擦阻力不相等、缸径制造误差和泄漏的各异，都会造成液压缸速度或位置的不同步。为实现同步动作，可采用同步控制回路。

图 4-9a 所示为并联调速同步回路。液压缸 5、6 并联在油路中，分别由可调节流量控制阀 2、3 调节两个活塞的运动速度。当要求两液压缸同步运动时，两个可调节流量控制阀的通过流量要调整到相同值。当换向阀 7 的右电磁铁通电时，液压油推动液压缸 5、6 的活塞作用同步动作。当左电磁铁通电时，压力通过单向阀 1 和 4 使两液压缸的活塞快速退回。这种同步方法较简单，其同步精度受油温的变化、调速阀的精度以及系统中的泄漏等因素的影响。使用这种回路时，调速阀应尽量安装得靠近液压缸，可使同步精度得到提高。

3）单向比例调速阀的调速回路。机器人的运动速度经常有加减速的要求，通过比例调速阀可按给定的速度规律实现速度控制。图 4-9b 所示为单向比例调速阀的调速回路。8 为双活塞杆液压缸，比例调速阀 9、10 分别根据检测装置发出的信号调节阀的开度，从而控制双活塞杆液压缸 8 左右运动的速度。

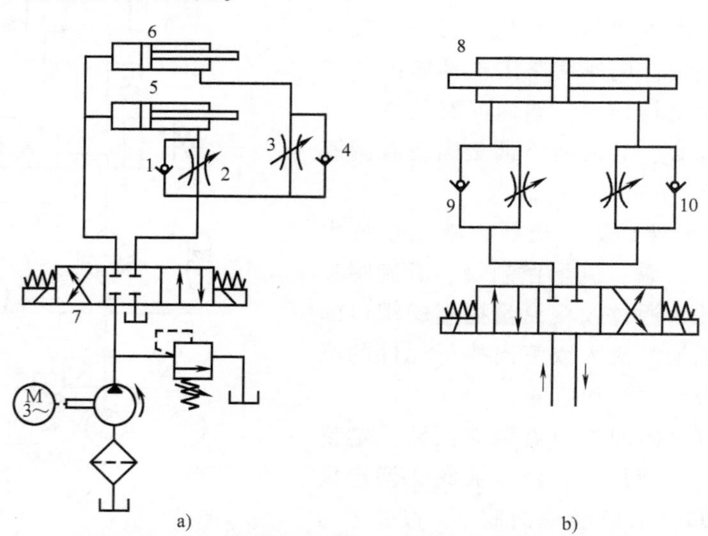

图 4-9　并联调速同步回路和单向比例调速阀的调速回路

1、4—单向阀　2、3—可调节流量控制阀　5、6—液压缸　7—换向阀　8—双活塞杆液压缸　9、10—比例调速阀

（2）压力控制回路

1）调压回路。机器人工作时，液压系统的压力必须与负载相适应，这需要通过调压回路来实现。在采用定量泵的液压系统中，为控制系统的最大工作压力，一般在液压泵出口附

近设置溢流阀，用以调节系统压力，并将多余的油液溢回油箱。过载时它还起安全阀的作用，如图4-10a所示为溢流阀调压回路。为使机器人液压系统局部压力降低和稳定，可采用多个溢流阀的调压回路，以获得不同的压力。图4-10b所示为采用两个溢流阀的二级调压回路（图中虚线画的二位二通阀4′表示二位二通阀4的另一安放位置）。图中远程调压阀3的出油口被二位二通阀4控制开闭，泵1的最大压力取决于溢流阀2的调整压力p_1。当二位二通阀4切换后，远程调压阀3的出油口与油箱接通，这时泵1的最大压力就取决于远程调压阀3的调整压力p_2。这个回路中远程调压阀3的调整压力p_2应小于溢流阀2的调整压力p_1，否则远程调压阀3将不起作用。

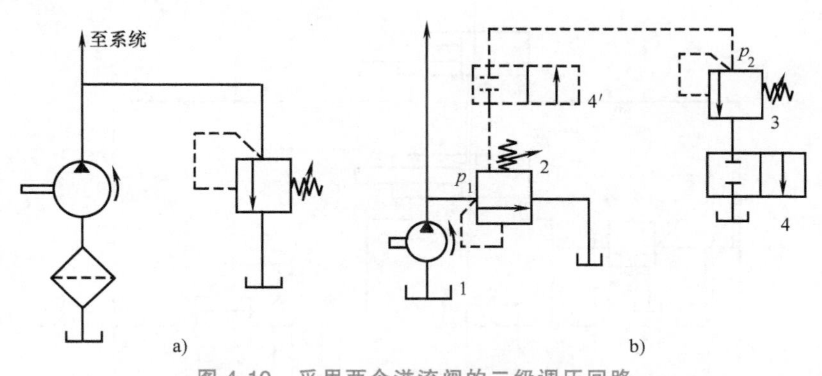

图4-10　采用两个溢流阀的二级调压回路

1—泵　2—溢流阀　3—远程调压阀　4—二位二通阀

2）卸荷回路。在机器人各液压缸不工作，而液压泵电动机又不停止工作的情况下，为减少液压泵的功率损耗及系统的发热，使液压泵在低负荷下工作，可采用卸荷回路。如图4-11a所示为H型三位四通阀卸荷回路。当换向阀处于中间位置时，液压泵可通过电磁阀直接连通油箱，实现卸荷。图4-11b所示为二位二通阀卸荷回路。在液压泵1出口并联一个二

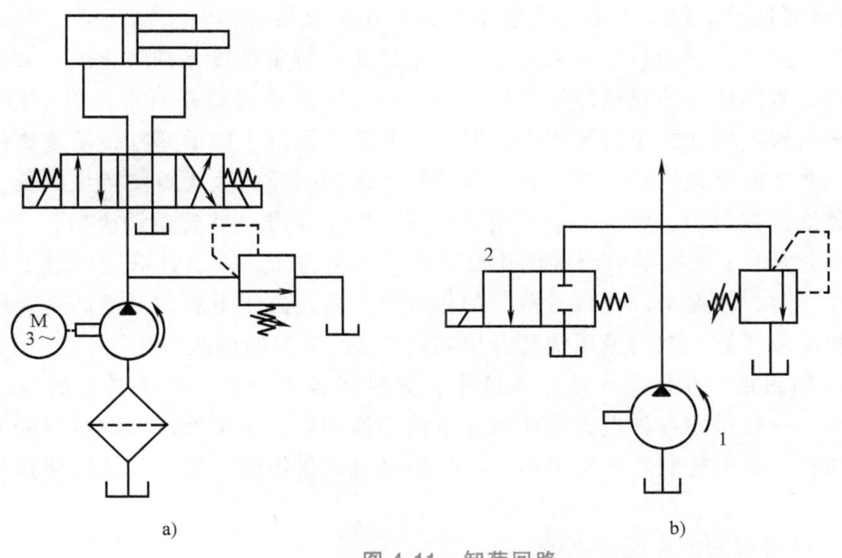

图4-11　卸荷回路

1—液压泵　2—二位二通阀

位二通阀 2，当系统工作时，二位二通阀 2 的电磁铁通电，切断液压泵出口通向油箱的通道，当工作部件停止运动时，电磁阀断电，泵输出的油便经过二位二通阀 2 直接回到油箱。

3）顺序控制回路。机器人为了保证动作的先后顺序，除了由电气控制系统实现顺序控制外，还可由液压系统的顺序控制回路实现。图 4-12 所示为采用两个顺序阀的顺序动作回路。当液压油流经换向阀 6 进入液压缸 1，则实现动作 a。动作 a 结束后系统压力继续升高，液压油打开顺序阀 3 进入液压缸 2，实现动作 b。动作 b 完成后，系统液压油继续升高，压力继电器 5 在压力升高到预调值时动作，发出一个电信号，机器人进行下一动作，从而实现顺序控制。

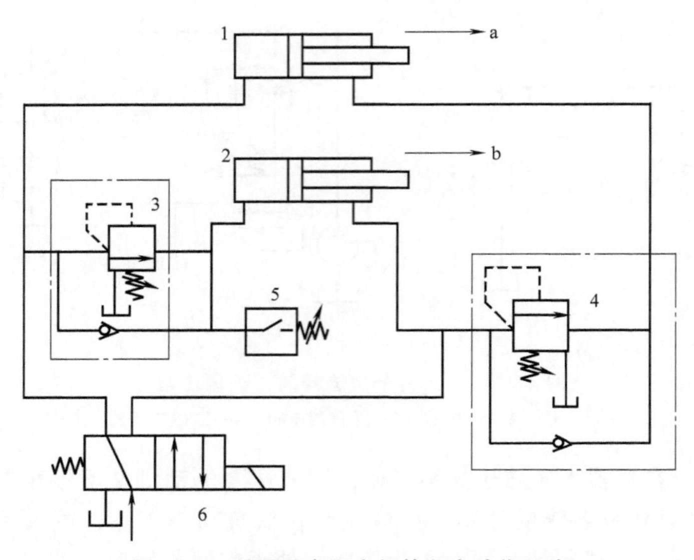

图 4-12　采用两个顺序阀的顺序动作回路

1、2—液压缸　3—顺序阀　4—减压阀　5—压力继电器　6—换向阀

4）平衡与锁紧回路。机器人液压系统中，为防止垂直机构因自重而下降，可采用平衡回路对自重予以平衡。为了使机器人动作后准确地停止在特定位置，并防止因外力作用而发生位移，可采用锁紧回路，即将液压缸回路关闭，使活塞停止运动并锁紧。图 4-13a 所示为采用顺序阀作平衡阀实现任意位置锁紧的回路。当升降液压缸 1 的活塞杆带动重物停止在某上升位置，换向阀 2 的电磁铁断电时，由于顺序阀 4 的调整压力大于重物产生的压力，升降液压缸 1 的下腔油液被封死，所以不会在重力作用下发生下滑，呈被锁紧状态。

图 4-13b 所示为采用液控单向阀实现任意锁紧并平衡的回路。当升降液压缸 1 的活塞杆上升到某位置停止时，在运动部件自身重量的作用下，液压缸 1 下腔的油液产生背压予以平衡。工作时，利用液压缸上腔的液压油打开单向阀 3，使下腔油液流回油箱。

（3）方向控制回路　在机器人液压系统中，为控制各液压缸、液压马达的运动方向和接通或关闭电路，一般采用各种电磁换向阀和电液动换向阀。电磁换向阀按电源的不同又分为直流和交流两种，由电控制系统发出信号，控制电磁铁操纵阀芯换向，从而使执行元件实现正反向运动。

3. 伺服控制机器人的液压驱动系统

具有点位控制和连续轨迹控制功能的机器人，需要采用电液伺服驱动系统。这类系统的

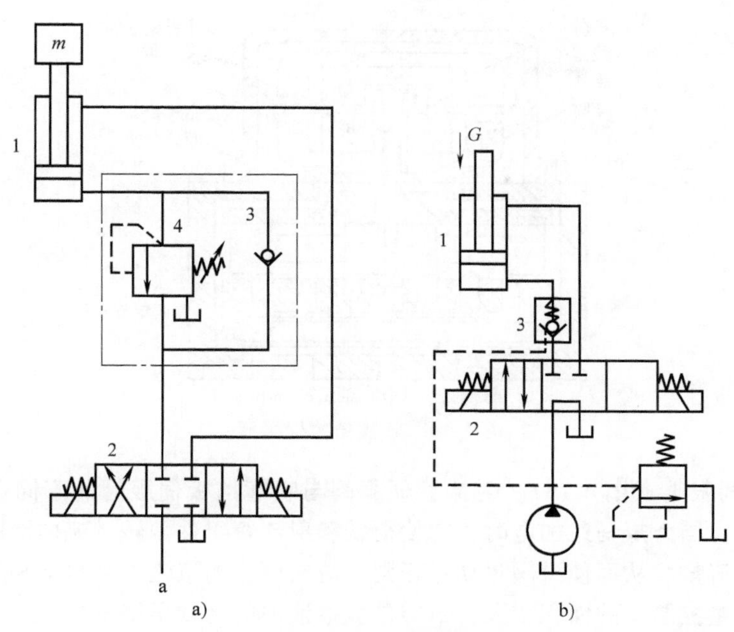

图 4-13 平衡和锁紧回路

1—液压缸 2—换向阀 3—单向阀 4—顺序阀

电液转换和功率放大元件包括电液伺服阀、电液比例阀、电液脉冲阀等。上述各类阀与液压执行元件可组成电液伺服马达、电液伺服液压缸、电液步进马达等液压动力元件。在机器人的驱动系统中，常用的电液伺服动力元件有电液伺服液压缸、电液伺服摆动马达及电液步进马达。在机器人手臂和腕关节上，常用液压回转执行器既作为关节机构又作为动力元件来实现直接驱动。

电液伺服阀既是电液转换元件，又是功率放大元件，它能将小功率的电信号转换为大功率的液压能输出。电液伺服阀是电液伺服系统的核心。

在机器人的伺服系统中常用的伺服阀主要有两种结构。一种为力矩马达—喷嘴挡板—滑阀式结构，另一种为动圈—双级滑阀结构。机器人中所用伺服阀的末级滑阀均采用零开口式，阀的窗口和阀芯控制棱边对称。

在这两种阀中，改变液流方向只需几毫秒。每种阀都有 1 个力矩马达、1 个前级液压放大器和 1 个作为第二级的四通滑阀。力矩马达有 1 个衔铁，它带动 1 个挡板阀或 1 个射流管组件，以控制流向第二级的液流，此液流控制滑阀运动，而滑阀则控制流向液压缸或液压马达的大流量液流。在力矩马达中用一个相当小的电流去控制液流，从而移动滑阀去控制大的流量。

1）喷嘴挡板伺服阀（图 4-14）。在喷嘴挡板伺服阀中，挡板刚性连接在衔铁中部，从 2 个喷嘴中间穿过。在喷嘴与挡板间形成 2 个可变节流口。电流信号产生磁场，它带动衔铁和挡板，开大一侧的节流口而关小另一侧的节流口。这样就在滑阀两端建立起不同的液压力，从而使滑阀移动。由于滑阀的移动压弯了抵抗它运动的反馈弹簧，当液压力差产生的力等于弹簧力时，滑阀即停止运动。滑阀的移动打开了主活塞的管路，从而按所需的方向驱动主活塞运动。

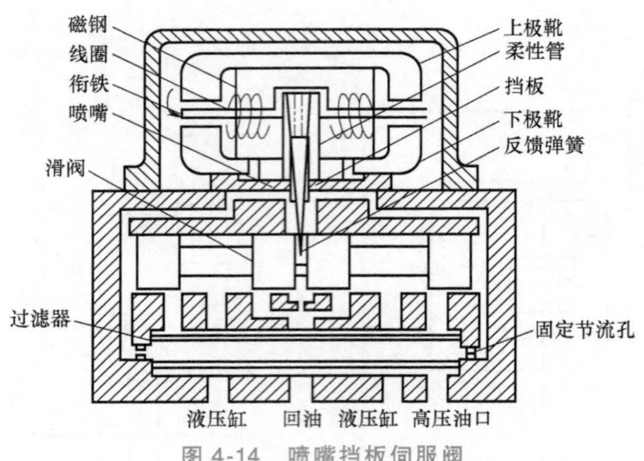

图 4-14 喷嘴挡板伺服阀

2）射流管伺服阀（图 4-15）。射流管伺服阀与喷嘴挡板伺服阀的不同点在于流向滑阀的液流是受控的。当力矩马达加电时，它使衔铁和射流管组件偏转，流向滑阀一端的流量多于流向另一端的流量，从而使滑阀移动；否则，流向两边的液流量基本上相等。射流管伺服阀的优点在于流量控制口的面积较大，不容易被油液中的污物所堵塞。

为清除油液中的杂质，液压系统中需要装设过滤器。如果在制造过程和装配过程中处理不当，或者使用时间过长后，可能会从焊点或液压缸、管道及活塞粗糙处剥落直径为几微米的颗粒而使伺服阀堵塞。为减少伺服阀堵塞的潜在危险，需要对油液进行过滤和经常清洗过滤器。

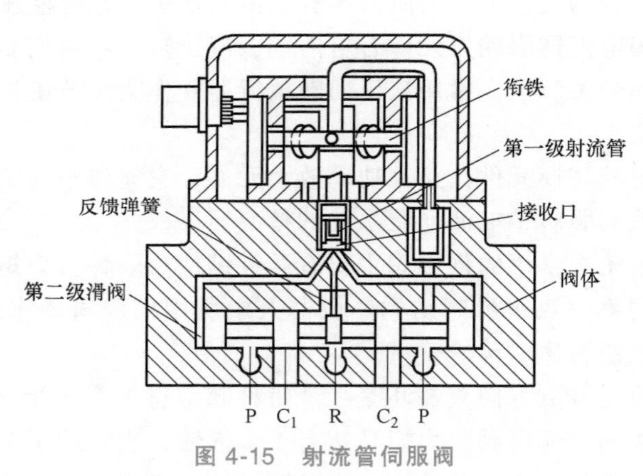

图 4-15 射流管伺服阀

4.1.3 气动系统

气动执行元件既有直线气缸，又有气动马达。不少机器人制造商用气动系统制造了很灵巧的机器人。在原理上，它们很像液压系统，但某些细节差别很大（工作介质是高压空气）。气动系统简单、便宜，而且工作压力也低得多。

多数气动系统用来完成挡块间的运动。由于空气的可压缩性，实现精确的位置和速度控制是困难的。即使将高压空气施加到活塞的两端，活塞和负载的惯性仍会使活塞继续运动，直到碰到机械挡块，或者空气压力最终与惯性力平衡为止。

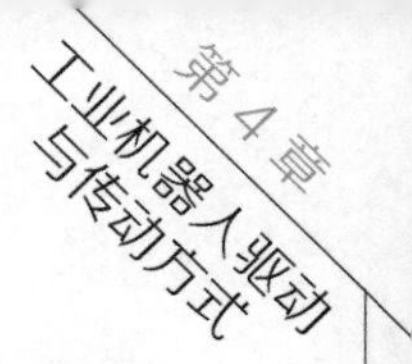

气动系统的主要优点是操作简单、易于编程，所以可以完成大量的点位搬运操作任务。但是用气动伺服系统实现高精度运动很困难。不过在能满足运动精度的场合，气动系统在所有的机器人中是重量最轻的，成本也最低。另外，气动系统可以实现模块化，很容易在各个驱动装置上增加压缩空气管道，利用模块化组件形成一个任意复杂的系统。

气动系统的动力源由高质量的空气压缩机提供。这个气源可经过一个公用的多路接头为所有的气动模块所共享。安装在多路接头上的电磁阀控制通向各个气动元件的气流量。电磁阀的控制一般由可编程控制器完成。可编程控制器通常是用微处理器来编程，以等效于继电器系统。

1. 气动系统的基本元件和装置

（1）气源装置　气源装置是压缩空气和保存空气压力能量装置的总称，包括空气压缩机、后冷却器和储气罐等。

1）空气压缩机。空气压缩机是产生压缩空气的气压发生装置，是气源的主要设备。按结构和工作原理可分为速度型和容积型两大类。一般工厂的气动系统中使用的是容积型压缩机。容积型压缩机是利用特殊形状的转子或活塞压缩吸入封闭容积室空气的体积来增加空气的压力。

2）后冷却器。压缩机排出的压缩空气温度高达170℃并含有大量水分。这些水分一旦冷却即成为冷凝水（其中还含有压缩机润滑油变质产生的油泥），对气动元件的危害很大。后冷却器可使压缩空气的温度降至40~50℃，并除去其中的冷凝水。

3）储气罐。储气罐可以调节气流，减少输出气流的脉动，使输出气流连续，气压稳定，也可以作为应急气源使用，还可进一步分离油水杂质。储气罐上装有安全阀，使其极限压力比正常工作压力高10%。并装有指示罐内压力的压力表和排污阀等。罐的形式可分为立式和卧式两种，立式储气罐使用较多，它的进气口在下，出气口在上，以利于进一步分离空气中的油、水。

（2）空气净化元件　压缩空气中含有各种杂质，这些杂质的存在会降低气动元件的耐用度和性能，造成误动作和事故，必须清除。空气净化元件就是用来清除压缩空气中的杂质，提高空气质量的元件。包括过滤器、油雾分离器、干燥器等。过滤器是用来除去压缩空气中的灰尘和冷凝水的元件。通常使用的过滤器不能分离油泥之类的油雾，这是因为当油粒直径小于3μm时呈现干态，很难附着在物体上。油雾分离器利用一种凝聚式过滤元件，可除去压缩空气中的油泥类杂质。干燥器是吸收和排除压缩空气中的水分和部分油分及杂质的装置。经过干燥后的压缩空气可获得高度干燥。当处理的压缩空气流量大、工作压力较低、干燥要求不太高时，使用干燥器比较合适。

（3）气动执行元件　把压缩空气的压力能转变为机械能的能量转换装置称为执行元件。执行元件包括气缸和气动马达。

（4）控制元件　控制元件包括方向控制阀、流量控制阀和压力控制阀。

（5）气动装置　气动机器人的定位问题在很大程度上是如何实现定点的制动。当气动驱动装置的负载小于10N时，可采用弹簧阻尼装置。对于中等和大负载，比较理想的是液压阻尼器。液压阻尼器结构紧凑，且能在很宽的机器人作用力范围内保证按要求进行制动。带缓冲装置的气缸和减振器同时使用，也可达到使气缸制动的目的。在对气缸进行瞬时制动时，也可采用电磁制动装置。

（6）辅助元件　辅助元件包括消声器和压力开关。压缩空气完成驱动工作后，由换气阀的排气口排入大气。此时的压缩空气是以接近声速的状态进入大气的，由于压力的骤然变化，使空气急速膨胀而发出噪声。消声器是用来降低排气噪声的装置。压力开关是利用气压信号接通或断开电路的元件。

2. 气动系统的回路

机器人的气动系统都是由基本回路组成的，根据不同的使用目的选择不同的回路组合。下面介绍几种机器人中常用的回路。

（1）双作用气缸回路　图 4-16 所示为双作用气缸的基本回路，采用了双电控的二位四通换向阀。当换向阀一端通电将阀切换时，即使线圈断电，阀仍将保持切换位置（也就是说具有保护功能）。当换向阀左线圈通电时气缸向左运动，当换向阀左线圈断电而右线圈通电时气缸向右运动，这样在气缸运动过程中即使突然停电，气缸也不会突然向反方向移动。这种机器人常用于搬运、冲压机器人中。

（2）中途位置停止回路　图 4-17 所示为使用中位封闭式三位五通阀的中途位置停止回路。如图 4-17a 所示，如果换向阀左右线圈交替通断电，那么同使用二位五通阀一样，气缸将做往复运动。在气缸运动过程中，如果两个线圈都断电，那么电磁阀靠弹簧作用返回中位，接口全部被封闭。气缸靠推力差移动并停止。当无负载时，因气缸杆一侧活塞受力面积较小，因而气缸向活塞杆一端移动。停止后，如果气缸、管道无泄漏，那么保持在该停止位置。

这种回路虽然可以使气缸在中途位置停止，但是由于空气的可压缩性，所以不能期望有较高的停止精度。此外，有些电磁阀允许有一定的泄漏，所以长期停止时，气缸会产生缓慢地移动。

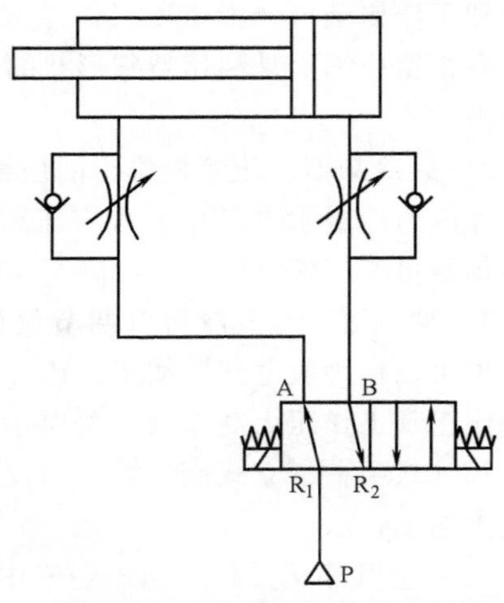

图 4-16　双作用气缸的基本回路

图 4-17b 中的回路与图 4-17a 的基本相同，但使用的是中位排气式三位五通阀。当换向

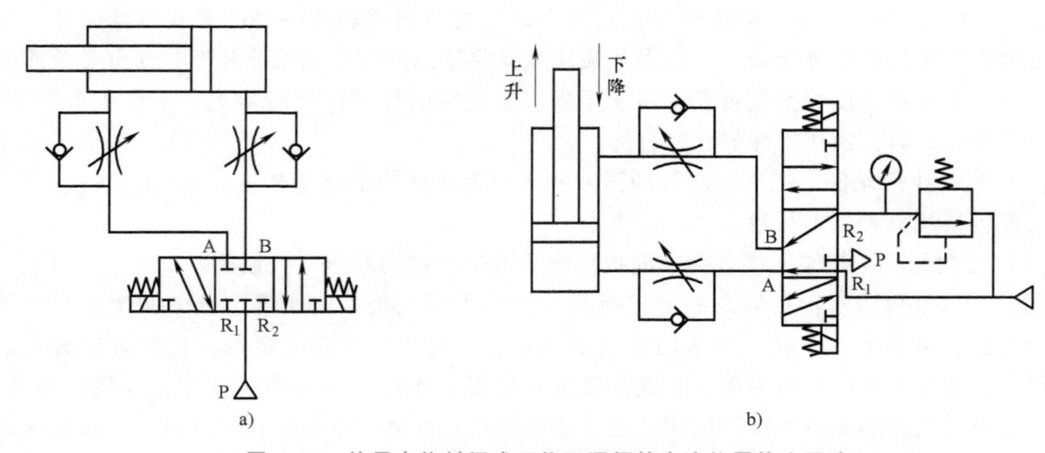

图 4-17　使用中位封闭式三位五通阀的中途位置停止回路

阀线圈断电时，由 R_1、R_2 口分别向气缸的两侧供气，从两侧向活塞加压。这时，靠调压阀设定压力又可得到包括负载在内的推力平衡，从而可以中途停止。如果线圈通电，气缸内的空气靠单向阀调整流量，并从 P 口排气。

这种回路可使气缸两侧推力平衡，中途停止位置比较稳定，而且活塞两侧均加压，因此在线圈通电的瞬时不会出现气缸飞出现象。

(3) 快速排气回路　图 4-18 所示为使用快速排气阀的气缸快速退回回路。气缸前进时，由单向节流阀进行速度控制。后退时，不通过电磁阀而由快速排气阀将气缸右侧的空气直接排入大气，提高了气缸快速返回的速度。这种回路用于要求气缸高速运动或希望缩短循环时间的场合。

(4) 速度可变回路　图 4-19 所示为进给时的两级变速回路。在气缸运动过程中，可从快速进给切换为慢速进给，或者从慢速进给切换为快速进给。

气缸前进时，由单向节流阀 4 控制速度，由于换向阀 2 开口调得比换向阀 1 大，因此得到慢速进给。在运动过程中，如果换向阀 2 通电，那么由单向节流阀 3 控制速度，转为快速进给。反之，如果先将换向阀 2 通电，而在运动过程中使其断电，此时气缸由快速进给变为慢速进给。

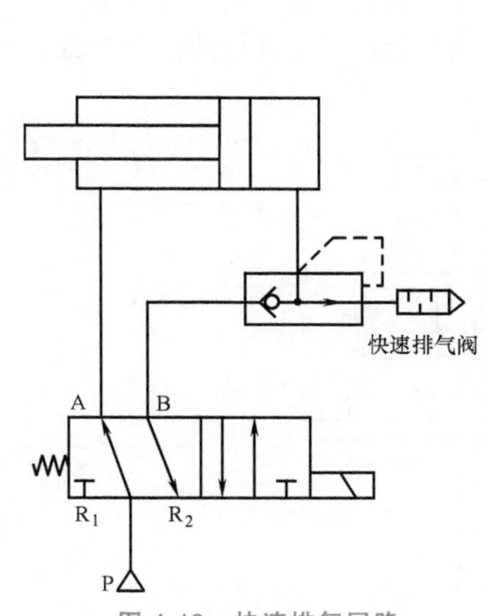

图 4-18　快速排气回路

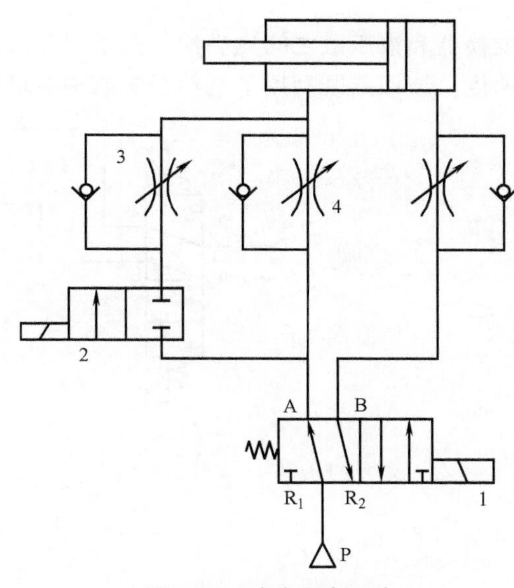

图 4-19　速度可变回路

1、2—换向阀　3、4—单向节流阀

(5) 精密定位回路　图 4-20 所示为带制动器气缸的精密定位回路。驱动气缸的为三位五通换向阀 2（中位排气式），调节减压阀 1 使气缸平衡，借助换向阀 2 实现中途停止。制动时通过换向阀 5 断电使气缸的制动机构动作，从而固定气缸的活塞杆。

为进一步提高气缸的停止位置精度，可以同时用如图 4-20 所示的两级变速回路，以降低气缸停止前的速度。这种回路在气动机器人定位中经常使用。

(6) 低速控制回路　用气动回路使气缸低速运动是很难实现的，采用气液回路则是一种简单易行的方法，如图 4-21 所示。将气液变换器 1、2 连接在换向阀与单向节流阀之间，

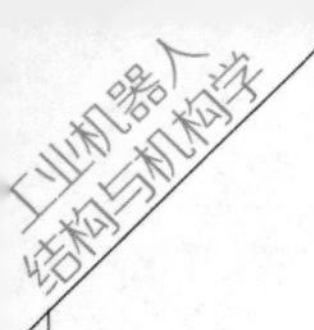

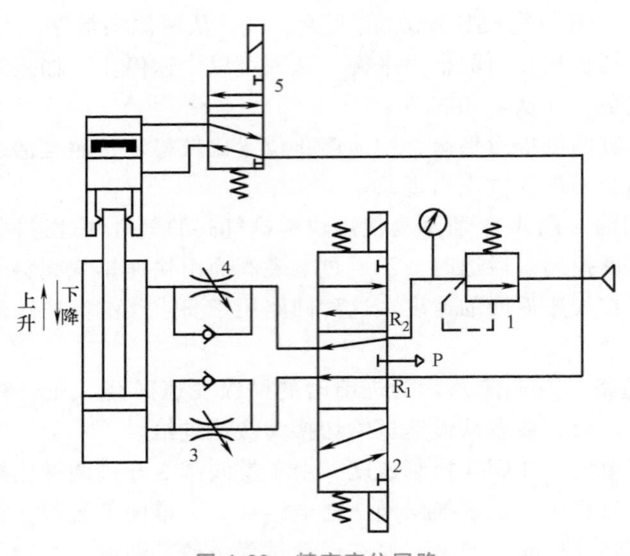

图 4-20　精密定位回路

1—减压阀　2、5—换向阀　3、4—单向节流阀

使变换器和液压缸之间充满油。由单向节流阀调整液压管路的流量，即可精确地控制液压缸的速度。该回路既利用了气动系统结构简单的优点，又利用了液压系统良好的控制性能。

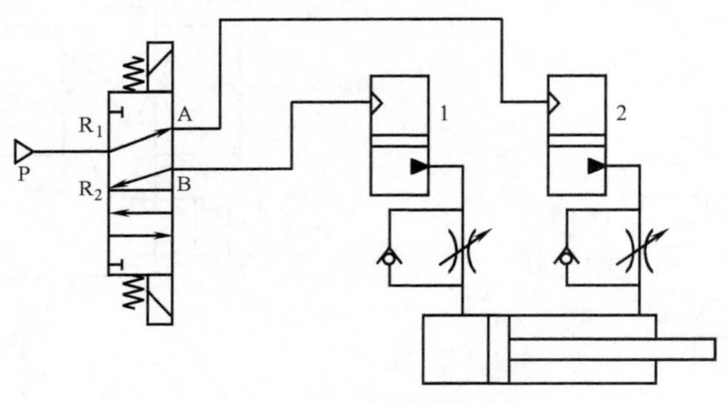

图 4-21　低速控制回路

1、2—气液变换器

4.2　传动方式

机器人的一个自由度也就是一个关节，它由一台交流伺服电动机驱动减速器，并驱动其输出轴的完成执行机构的运动。减速器就是机器人关节非常重要的组成部分。作为机器人关节传动系统中的减速器，有很多特殊的要求：

1）减速比非常大。减速比可达到数百。机器人关节的驱动选择高速电动机，通过一根细轴与电动机相连，再经过减速器将其转速降下来，转矩提高到末端负载水平。由于交流伺服电动机转速非常高，高达每分钟几千转，减速后，执行机构输出转速每分钟几百转甚至只

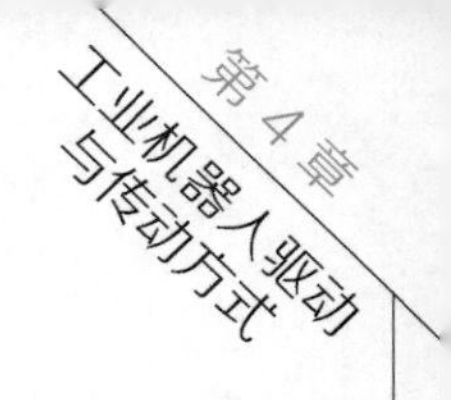

有几十转，故减速器减速比非常大。

2）回差小。也就是从空载达到额定负载，不产生较大的角位移。这是由于不论是空载还是额定负载下，要求工业机器人严格按照编程的要求到达空间某一点，其重复定位精度必须控制在规定范围内。

3）减速器的体积小，重量轻。尺寸太大，无法安装；重量太大，工业机器人的起动与停止惯性大，灵活性差，这是工业机器人一个非常重要的性能参数。

4）对固有频率和噪声的要求。减速器固有频率要远离工作频率，否则会产生不必要的振动。机器人的噪声很大一部分是来自减速器的运行噪声，我国规定数控机床的噪声不得超过 80dB。

当前，我国正大力发展以机器人为代表的高端智能装备产业，从 2013 年开始，我国已经连续两年成为世界各国中最大的工业机器人市场。我国目前正逐步进入工业机器人产业化发展阶段，然而在工业机器人产业化进程中，存在着许多阻碍发展的难题。其中，以精密减速器为代表的核心零部件不能自给自足的现状显得尤为突出。

减速器是工业机器人的核心零部件，占整机成本的 30%以上。目前，用于工业机器人的减速器主要包括：

1）行星减速器。精密行星减速器如图 4-22 所示，主要传动结构为：行星轮、太阳轮、外齿圈和行星架。行星减速器因为结构原因，单级减速最小为 3，最大一般不超过 10，常见减速比为：3，4，5，6，8，10。减速器级数一般不超过 3，但有部分大减速比定制减速器有 4 级减速。相对其他减速器，行星减速器具有高刚性、高精度（单级可做到 1′以内）、高传动效率（单级在 97%~98%）、高的扭矩/体积比、免维护等特点。因为这些特点，行星减速器多数是安装在步进电动机和伺服电动机上，用来降低转速，提升转矩，匹配惯量。现在市场上的主流产品国外的有德国的 SEW、德国的 FLENDER、瑞德森、日本 Sumitomo 住友、NORD、AB、ABB；国内的有汉星、四通等。

2）摆线针轮行星减速器。摆线针轮行星减速器是一种应用行星式传动原理，采用摆线针齿啮合的新型传动装置。摆线针轮减速器全部传动装置可分为三部分：输入部分、减速部分、输出部分，如图 4-23 所示。

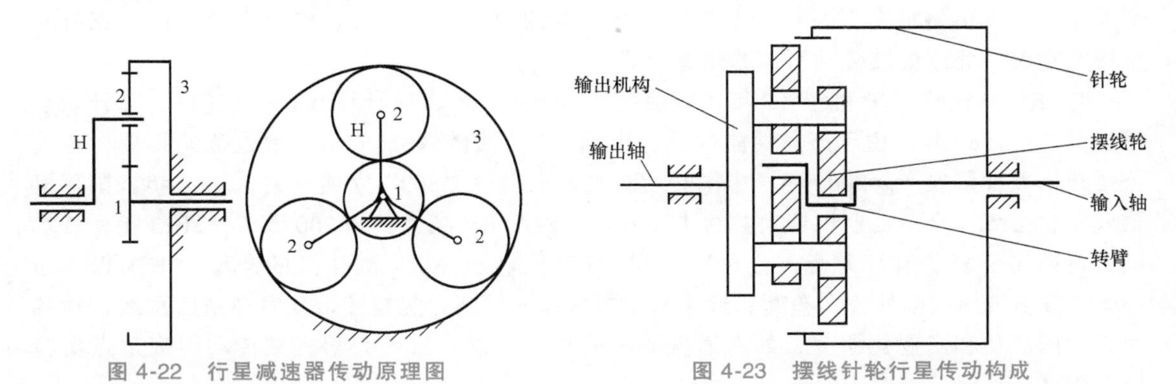

图 4-22 行星减速器传动原理图

图 4-23 摆线针轮行星传动构成

摆线针轮行星传动是行星轮采用变幅外摆线的一种少齿差行星齿轮传动，属于 K—H—V 行星齿轮传动。摆线针轮行星传动的特点是单级传动比为 6~119，一级传动效率达 0.9~0.95，可代替两级普通圆柱齿轮减速器，体积可减少 1/2~2/3，重量减少 1/3~1/2，缺点是摆线针轮减速器的机构太复杂，制造安装精度要求太高，转臂轴承受力大，影响轴承寿命和承载能力。摆线针轮行星传动最大传动功率 200kW，最高输入转速 1800r/min，广泛应用于矿山、化工、起重机械、工程机械等领域。

3）谐波齿轮减速器。谐波齿轮减速器是 20 世纪 50 年代伴随着空间科学技术的发展，基于在弹性薄壳弹性变形理论，应用金属挠性和弹性力学原理发展起来的一种全新传动形式。由美国发明家 C · Walt · MUSSER 首先提出，经日本引入后发展实用化。它是在行星齿轮传动原理基础上发展起来的一种新型减速器，由波发生器 H、柔轮 2 和刚轮 1 组成，属于少齿差行星减速传动 ，如图 4-24 所示。

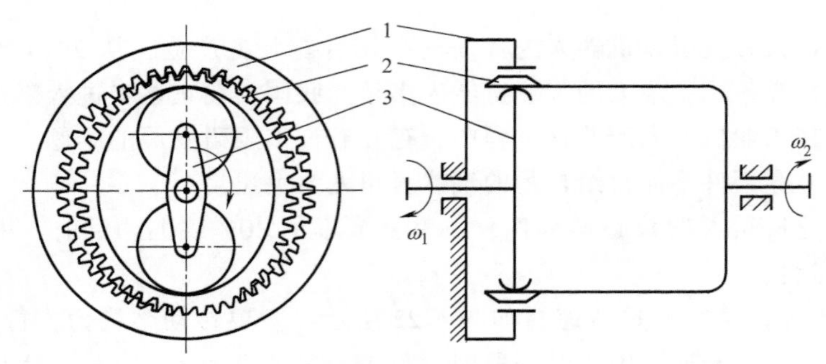

图 4-24　谐波传动构成

1—刚轮　2—柔轮　3—波发生器 H

谐波传动具有运动精度高，传动比大、重量小、体积小、较小的转动惯量等优点。最重要的是能在密闭空间传递运动，这一点是其他任何机械传动无法实现的。其缺点为在谐波齿轮传动中柔轮每转发生两次椭圆变形，极易引起材料的疲劳损坏，损耗功率大。同时，其引起的扭转变形角达到 20′~30′甚至更大。受轴承间隙等影响可能引起 3′~6′的回程误差，不具有自锁功能。

目前，谐波传动已广泛应用于航天航空、机器人、精密加工设备、雷达设备、医疗设备等领域。我国从 20 世纪 60 年代就开始谐波方面的研制工作，但到目前为止国内谐波齿轮的专业生产厂家仍然很少。国外的生产厂家有日本的 HarmonicDrive；国内主要生产厂家有北京中技克美、北京谐波传动所、苏州绿的等。

4）RV 减速器。20 世纪 8O 年代中期，日本帝人公司成功研制出 RV 减速机，并开始小批量生产。1986 年，由于产品性能优异，市场使用反馈较好，应用领域也逐渐拓展，帝人公司开始大批量投产。2000 年，中国开始对减速机进行 “863” 立项攻关。2008 年，国际机器人联合会统计全球工业机器人共约 130 万台，使用 RV 减速机约 200 万台。2013 年，日本纳博特斯克公司（前身为帝人公司）实现年产超 30 万台 RV 减速机的产量。中国仍有超 95%的市场份额被国外公司垄断。近年来，国内部分厂商和院校开始致力高精度摆线针轮减速机的国产化和产业化研究，如南通振康、浙江恒丰泰、重庆大学机械传动国家重点实验室、天津减速机厂、秦川发展。

RV 减速器是在摆线针轮行星传动的基础上发展而来的一种新型传动。减速器由第一级的渐开线齿轮行星传动机构与第二级的摆线针轮行星传动机构两部分组成，属于封闭的差动轮系，如图 4-25 所示。

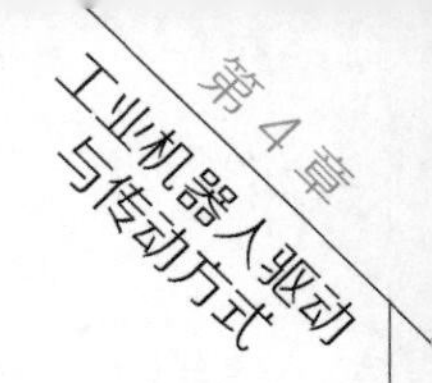

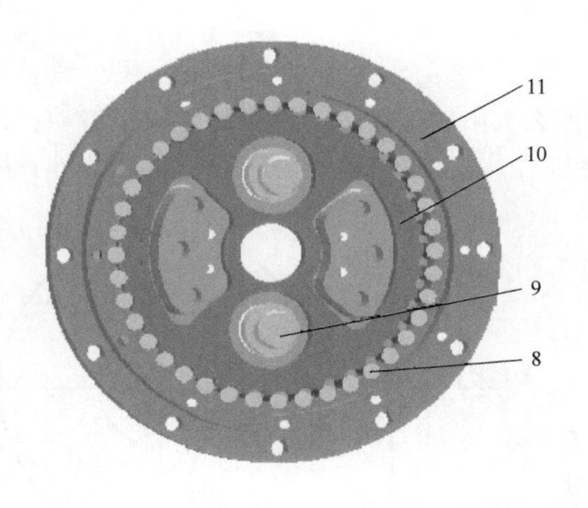

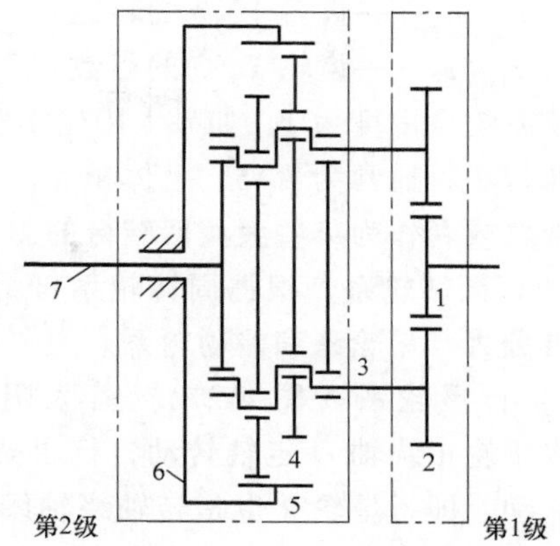

图 4-25 RV 减速传动构成

1—输入轴 2—行星轮 3、9—曲轴 4—摆线轮 5、8—针齿 6—输出轴 7、11—箱体 10—摆线轮

RV 传动是新兴的一种传动，在传统针摆行星传动的基础上发展而来，不但克服了一般针摆传动的缺点，而且具有体积小、重量轻、传动比范围大、寿命长、精度保持稳定、效率高、传动平稳等一系列优点。

RV 减速器因为诸多优点被广泛应用于工业机器人、机床、医疗检测设备、卫星接收系统等领域。它较机器人中常用的谐波传动具有高得多的疲劳强度、刚度和寿命，而且回差精度稳定，故世界上许多国家高精度机器人传动多采用 RV 减速器。因此，该种 RV 减速器在先进机器人传动中有逐渐取代谐波减速器的发展趋势。

4.2.1 行星周转轮系

1. 行星轮系传动分析

行星周转轮系结构如图 4-22 所示，其由外齿轮 1（太阳轮）、外齿轮 2（行星轮）、内齿轮 3（亦为太阳能）及行星架 H 组成。

行星轮：旋转轴线可绕某中心圆周运动。

太阳轮：与行星轮啮合的齿轮，包括外啮合太阳轮和内啮合太阳轮。

行星架：支撑行星轮的构件。

行星周转轮系根据各构件的约束情况，可分为以下三种：

(1) 定轴轮系（图 4-26） 若太阳轮 1、太阳轮 3 绕轴 O 定轴转动，行星架固定，即行星轮 2 也是定轴转动。该系统实质上是一个定轴轮系，实现的是太阳轮 1 和太阳轮 3 之间的传动，行星轮实际上只有自转运动，相当于一个惰轮。

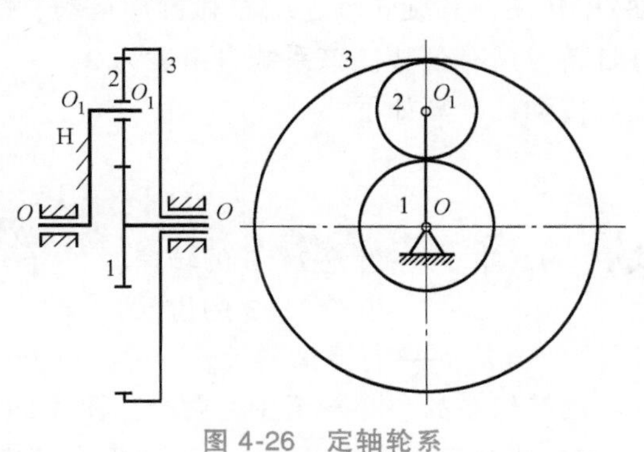

图 4-26 定轴轮系

传动速比计算如下

$$i_{13}=\frac{n_1}{n_3}=\frac{z_3}{z_1} \tag{4-1}$$

式中　n_1、n_3——齿轮 1、3 的转速；

z_1、z_3——齿轮 1、3 的齿数。

该系统自由度为 1，如果太阳轮 1 输入，那么太阳轮 3 输出，该系统为减速传动；由于单级非常小，通常为 3~5，且体积大，一般在机器人减速器中极少用到，只能作为外置减速驱动装置或者作为某些大型回转台的驱动机构。

（2）周转轮系　根据周转轮系自由度的不同，可分为行星轮系和差动轮系。

1）行星轮系（图 4-27）。若太阳轮 3 固定、太阳轮 1 绕轴 O 定轴转动，行星架绕轴 O 定轴转动，即行星轮 2 也是转轴绕轴线 O 定轴转动，该系统为行星轮系，行星轮除了绕自身的旋转轴 O_1 转动，其旋转轴还绕 O 做圆周运动，既有自转，又有公转。

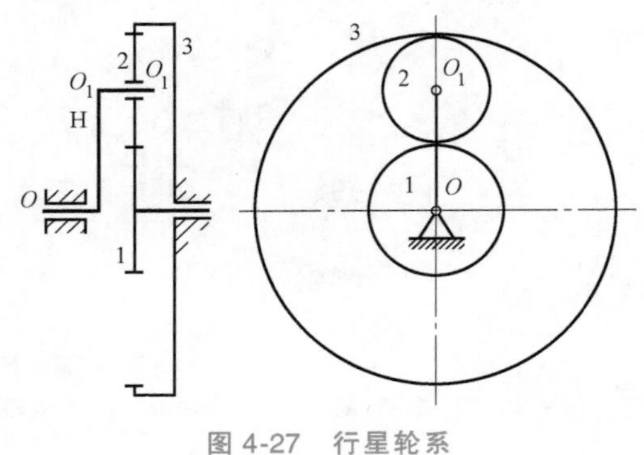

图 4-27　行星轮系

传动速比计算如下

$$i_{13}=\frac{n_1-n_H}{n_3-n_H}=-\frac{z_3}{z_1} \tag{4-2}$$

式中　n_1、n_3——齿轮 1、3 的转速；

z_1、z_3——齿轮 1、3 的齿数；

n_H——行星架转速。

该系统自由度为 1，由于太阳轮 3 固定不动，$n_3=0$，代入式（4-2），得到

$$i_{1H}=\frac{n_1}{n_H}=1+\frac{z_3}{z_1} \tag{4-3}$$

该系统如果太阳轮 1 输入，行星架 H 输出，其速比比定轴轮系提高 1，速比仍然较小，一般在机器人减速器中极少单独应用。

2）差动轮系（图 4-28）。若太阳轮 1、3 绕轴 O 定轴转动，行星架绕轴 O 定轴转动，即行星轮 2 也是转轴绕轴线 O 定轴转动，该系统为差动轮系。行星轮除了绕自身的旋转轴 O_1 转动，其旋转轴还绕 O 做圆周运动，既有自转，又有公转。该系统自由度为 2。

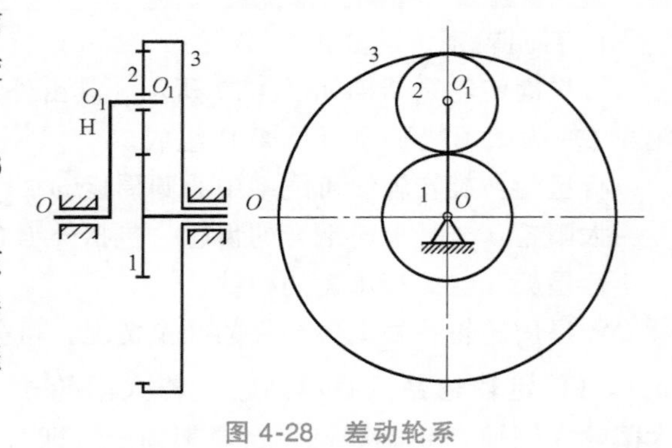

图 4-28　差动轮系

传动比计算如下

$$i_{13}=\frac{n_1-n_H}{n_3-n_H}=-\frac{z_3}{z_1} \tag{4-4}$$

式中　n_1、n_3——齿轮 1、3 的转速；

z_1、z_3——齿轮 1、3 的齿数；

n_H——行星架转速。

周转轮系的中心轮至少有两个。图 4-29 所示是典型的周转轮系形式。

3）混合轮系（图 4-30）。定轴轮系和周转轮系，或几部分周转轮系组成复杂轮系称为

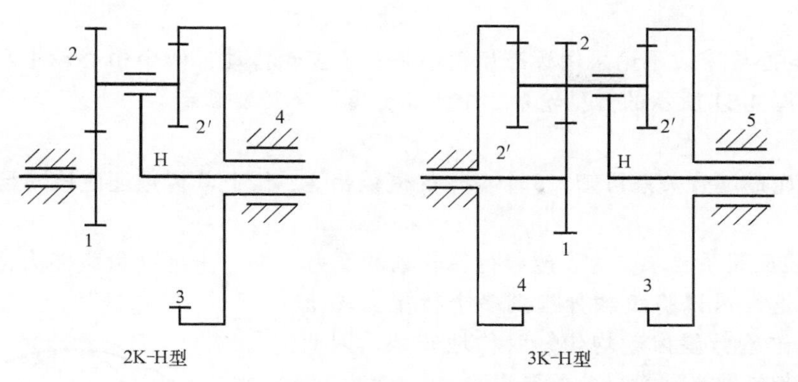

图 4-29　周转轮系形式

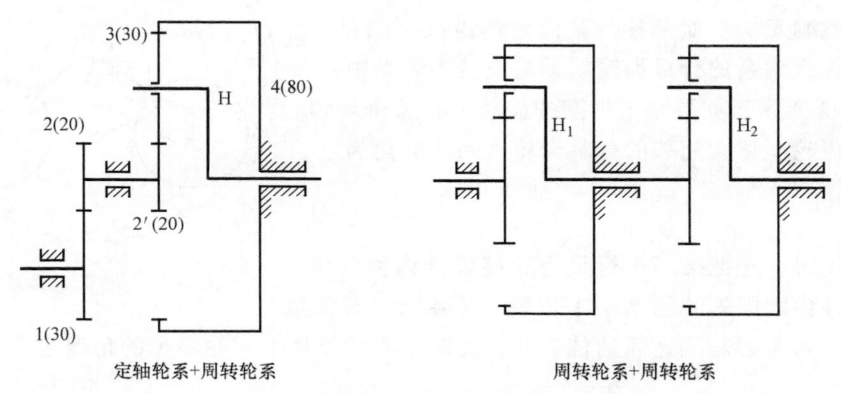

图 4-30　混合轮系

混合轮系。

2. 行星轮系主要参数

(1) 行星轮数目　在传递动力时，行星轮数目越多越容易发挥行星齿轮传动的优点。行星轮数目的增加会使其负载均衡困难，又由于连接条件的限制，因此会减少传动比例范围。设计行星齿轮传动时通常采用2个或4个行星轮。在RV减速器中通常采用的是两个行星轮。

(2) 齿轮的齿数选择　齿轮的齿数选择需要满足如下几方面要求：

1) 满足传动比要求

$$i_{13}^{\mathrm{H}}=\frac{n_1-n_{\mathrm{H}}}{n_3-n_{\mathrm{H}}}=(-1)^m\frac{\text{从动轮齿数乘积}}{\text{主动轮齿数乘积}}\quad(4\text{-}5)$$

如图4-31所示的行星轮系

$$i_{13}^{\mathrm{H}}=\frac{n_1-n_{\mathrm{H}}}{-n_{\mathrm{H}}}=(-1)\frac{z_3}{z_1}\quad(4\text{-}6)$$

即

$$i_{1\mathrm{H}}=1+\frac{z_3}{z_1}\quad(4\text{-}7)$$

根据给定的传动比 $i_{1\mathrm{H}}$，根据式（4-7）配

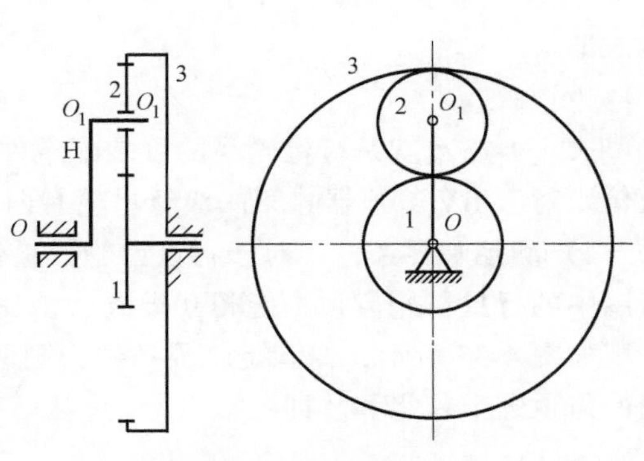

图 4-31　行星轮系

置齿轮齿数 z_1、z_3。

2）满足同心要求。不论采用标准齿轮还是变位齿轮传动，两个中心轮 1 和 3 的轴线必须重合，所以图 4-31 所示的行星轮系 3 个齿轮分度圆半径要满足

$$r_3 = r_1 + 2r_2 \tag{4-8}$$

由三个齿轮的啮合关系可知，3 个齿轮的模数相等，因此其齿数还应该满足关系

$$z_3 = z_1 + 2z_2 \tag{4-9}$$

3）满足装配关系要求。为了改善行星轮系的受力，进一步提高负载能力，一般采用多个行星齿轮，这样可以将负载分担到多个行星齿轮上。这样就要求将这些行星齿轮均匀、对称地安装。因此，行星轮的个数与齿数必须满足装配要求。

当第一个行星齿轮装上后，其他行星齿轮在轮系中的相对位置就确定了。如果各行星齿轮的齿数不满足一定的条件，那么剩余的行星齿轮就无法安装到轮系中。

如图 4-32 所示，如果在内齿圈的齿轮上有 K 个均匀分布的行星齿轮，那么相邻的行星齿轮之间的夹角为

$$\alpha = \frac{2\pi}{K} \tag{4-10}$$

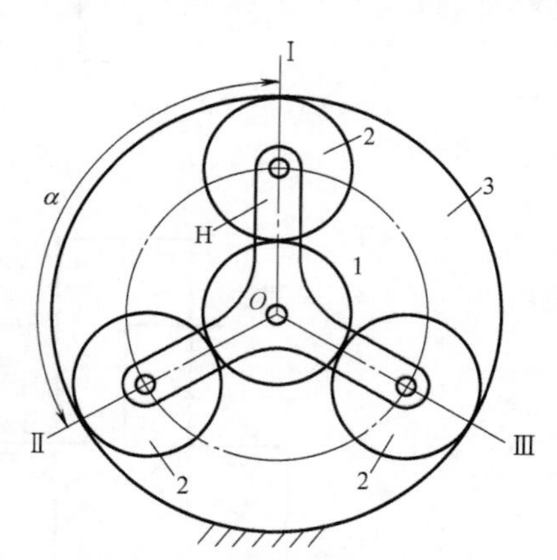

图 4-32　装配条件示意图

行星轮系装配时，先把第一个行星齿轮装配到内齿圈齿轮和中心的外齿太阳轮的轮系中 I 位置，然后行星轮架 H 转过 α 角，行星齿轮到达新的位置 II，此时中心的外齿太阳轮转过的角度为

$$\alpha_1 = i_{1\mathrm{H}}\alpha = i_{1\mathrm{H}}\left(\frac{2\pi}{K}\right) \tag{4-11}$$

为了行星齿轮均布安装，转过 α_1 角的中心轮在 I 位置上的轮齿相位必须完全与开始时的相位相同。否则，行星齿轮在 I 的位置无法与太阳轮 1、3 啮合。因此，转过的角度 α_1 必须是太阳轮 1 的 N 个轮齿所对的中心角（N 为正整数）。即

$$\alpha_1 = N\frac{2\pi}{z_1} \tag{4-12}$$

由式（4-10）~式（4-12）得出

$$N\frac{2\pi}{z_1} = \left(1+\frac{z_3}{z_1}\right)\frac{2\pi}{K}$$

即

$$NK = z_1 + z_3 \tag{4-13}$$

式（4-13）就是行星轮系的可装配条件，即两个中心轮的齿数之和为行星齿轮个数的整数倍。对于 RV 减速器，第一级行星轮有两个，那么两个中心轮的齿数之和必然是偶数。

4）满足临界条件。对于行星齿轮数量较多的行星轮系，其空间临界条件就是装配于内齿圈中的行星齿轮齿顶不能相互碰撞。

如图 4-33 所示，要满足临界条件，则两相邻的行星齿轮的中心距 AB 必须大于两行星齿轮的齿顶圆半径之和。即

$$\overline{AB} > 2r_{z2} \tag{4-14}$$

由图 4-33 可知

$$\overline{AB}=2(r_1+r_2)\sin\theta$$

由于

$$\theta=\frac{\alpha}{2}=\frac{180°}{K}$$

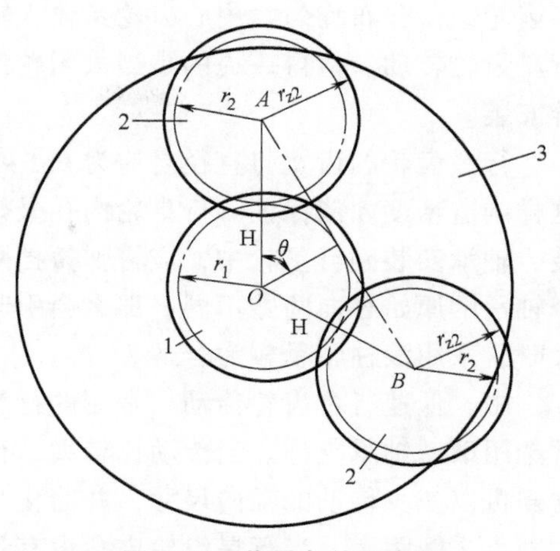

图 4-33 临界条件示意图

齿顶圆半径

$$r_{z2}=r_2+h_a^* m$$

式中 h_a^*——齿顶高系数，标准齿轮取为 1；

m——齿轮模数。

齿轮分度圆半径

$$r_1=\frac{mz_1}{2},\ r_2=\frac{mz_2}{2}$$

全部代入式（4-14），得

$$\sin\frac{180°}{K}>\frac{z_1+2h_a^*}{z_1+z_2} \tag{4-15}$$

式（4-15）就是行星轮系的临界条件。只有满足式（4-15），才能保证各个行星齿轮均匀地安装在中心轮周边，啮合良好，不会发生错位，齿顶不会相互干涉。

3. 行星齿轮减速器结构分析

图 4-34 所示为 NGW 行星减速器，通过齿轮联轴器可将太阳轮浮动安装。这样，当太阳轮受力不均时，通过浮动连接件使得太阳轮发生位移，从而补偿其受力不平衡，以便各个行

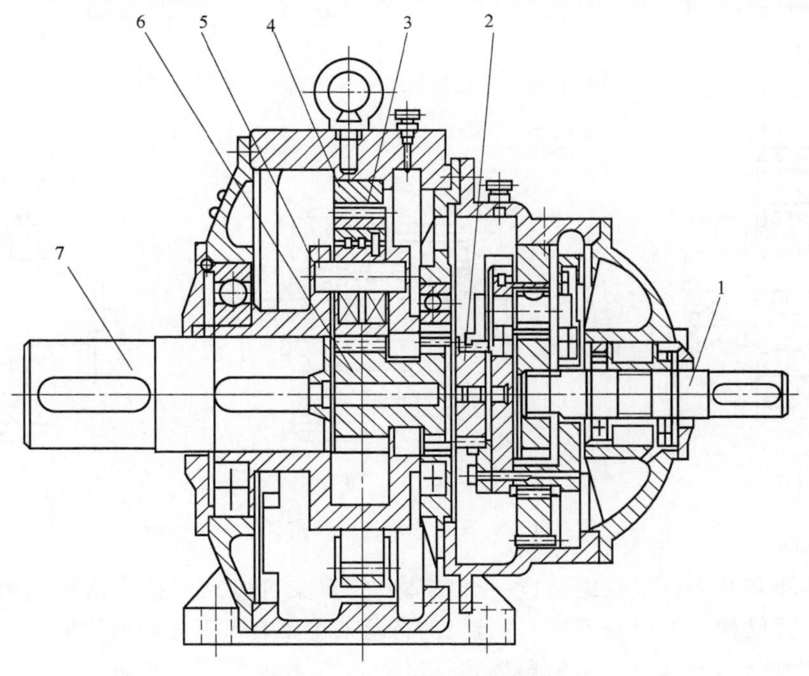

图 4-34 NGW 行星减速器

1—输入轴 2—齿轮联轴器 3—行星轮 4—内齿圈太阳轮 5—行星架 6—中心太阳轮 7—输出轴

星齿轮载荷分布均匀。中心齿轮是输入轴旋转，经齿轮联轴器带动其转动，并由中心轮带动行星齿轮转动。值得一提的是当太阳轮浮动安装时，减速器安装结构不可采用简支安装或悬臂安装。

行星齿轮的齿宽与直径之比为0.5~0.7，与行星轮内孔应该加工方便，轮齿加工简单，这样制造精度才能保证，行星轮内孔最好不要有台肩等结构。为了使结构紧凑简单，便于安装，轴承安装到行星轮中，应将弹簧挡圈安装在轴承外侧。由于两个轴承距离很近，如果两个轴承的原始径向间隙不同，那么会引起轴承的较大倾斜，从而使齿轮载荷集中。当载荷较大时，采用滚柱轴承较为合适。

中、低速行星齿轮传动，常用的行星轮轴承安装形式如图4-35和图4-36所示。轴承通常选用滚动轴承支撑。当传动比较大、行星齿轮的直径较大时，轴承可安装在行星轮孔内。这样可以减少传动的轴向尺寸，并简化装配结构。在行星轮孔内成对安装轴承时，应尽量增大轴承之间距离。当行星齿轮内孔没有足够空间安装轴承时，可将轴承安装在行星架上，如图4-37所示。对于高速重载行星传动，可采用滑动轴承，如图4-38所示。

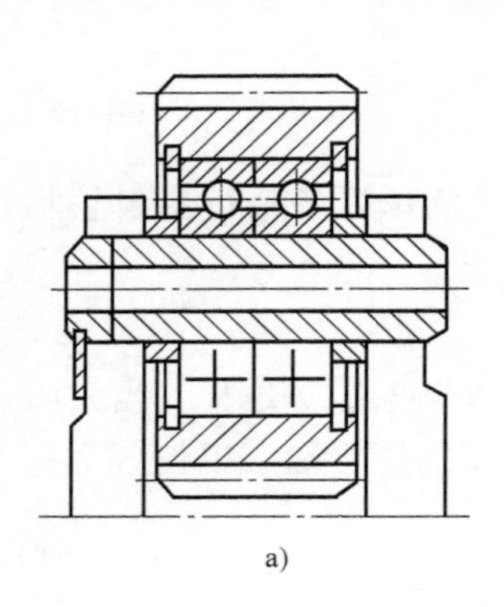

a)

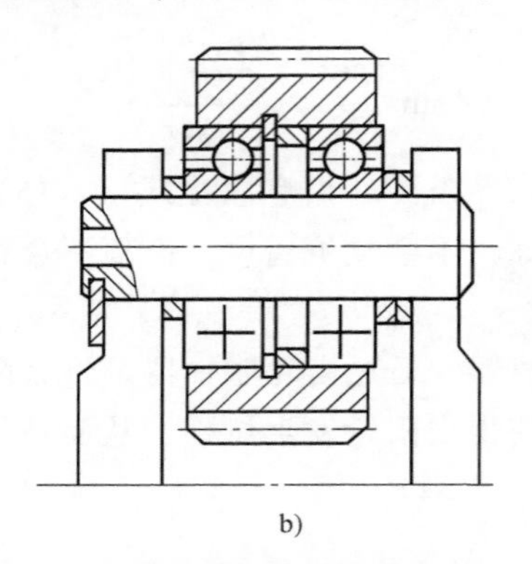

b)

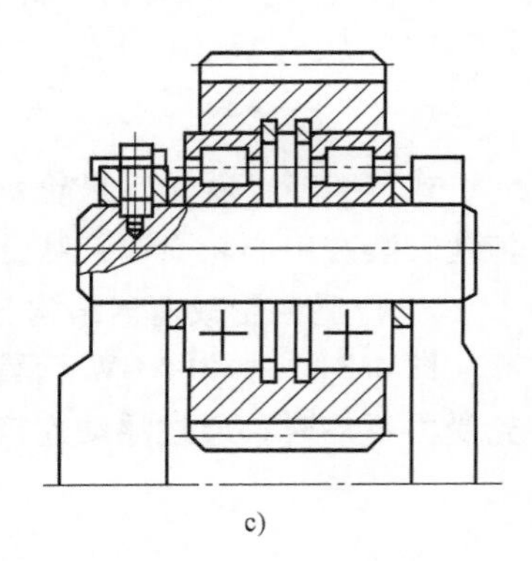

c)

图4-35 行星轮轴承安装形式（一）

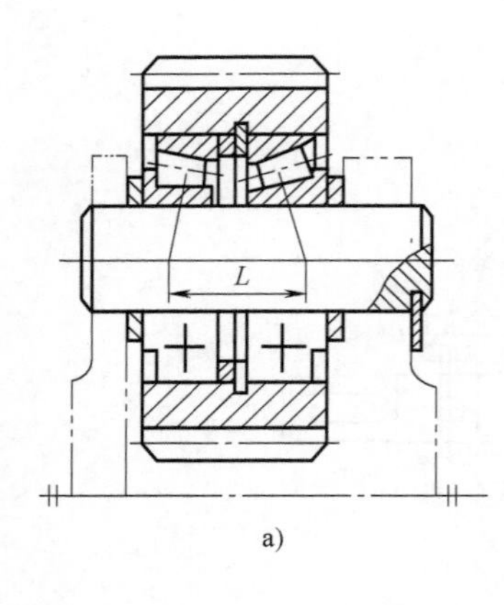

a)

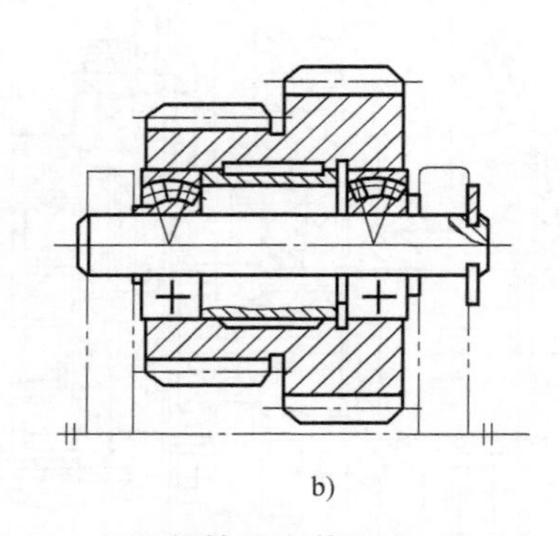

b)

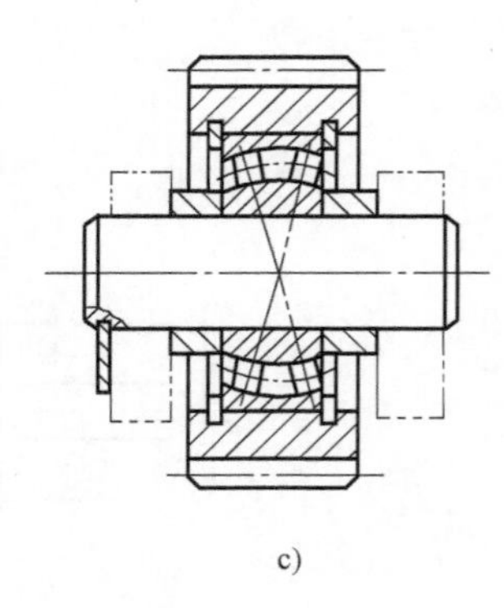

c)

图4-36 行星轮轴承安装形式（二）

行星架用于将几个行星轮组装成一个整体。行星架可以采用整体结构（铸造、焊接），也可采用可拆式结构（双臂分开式）。常用的行星架主要有以下几种结构形式：

（1）双臂整体式行星架　双臂整体式行星架如图4-39所示。这种行星架主要特点是受载后变形较小，刚性较高，有利于行星齿轮上负载沿齿宽方向均匀分布，振动和噪声小。行

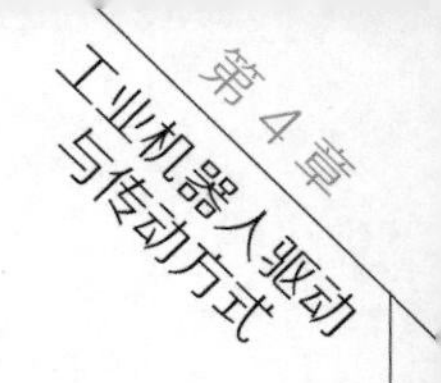

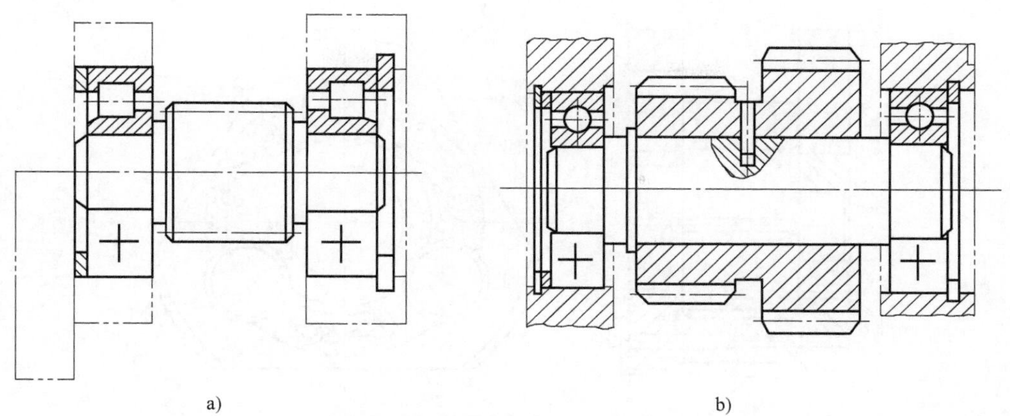

图 4-37　行星轮轴承安装形式（三）

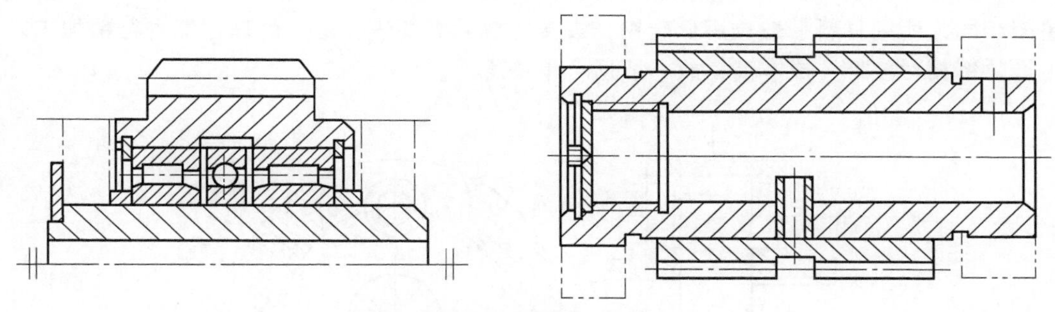
图 4-38　行星轮轴承安装形式（四）

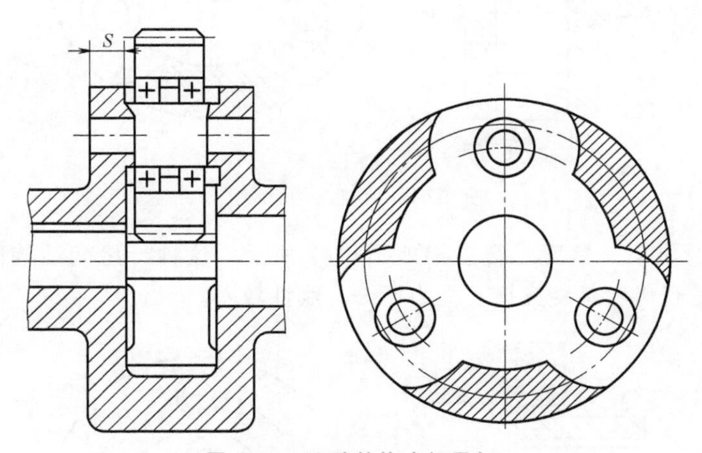

图 4-39　双臂整体式行星架

星齿轮的轴承一般安装在行星齿轮内孔。通常壁厚 $S=(0.16\sim0.28)a$。当传动转矩较大时，可选用铸钢材料，如 ZG450、ZG550；传动转矩较小时，可选用铸铁，如 HT200～HT400。铸造后在机械加工前需进行退火热处理，以消除内应力，减少零件的变形。

（2）双臂分开式行星架　双臂分开式行星架结构较复杂，由前后两行星架组装而成，刚性较差，如图 4-40 所示。当传动比较小时，行星齿轮的轴承一般安装在行星架上，装配方便。

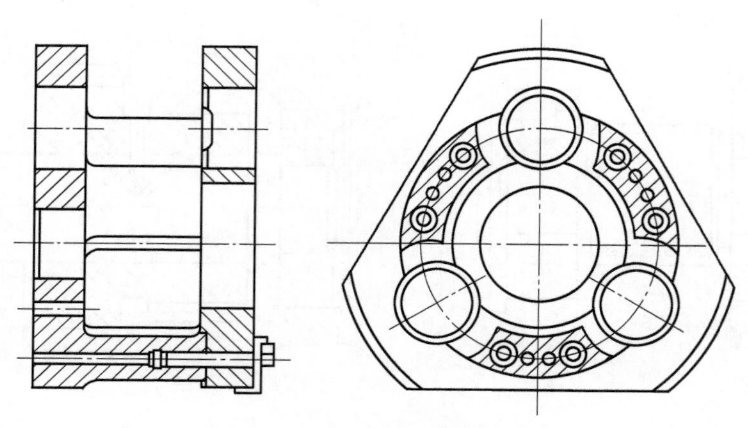
图 4-40　双臂分开式行星架

（3）焊接结构行星架　焊接结构行星架如图 4-41 所示，这种行星架特点与双臂整体式行星架相同，所用材料一般选用低碳钢，焊接完成后需要进行退火处理才能进行精加工。由于生产效率相对较低，成本高，故一般适合单件生产。

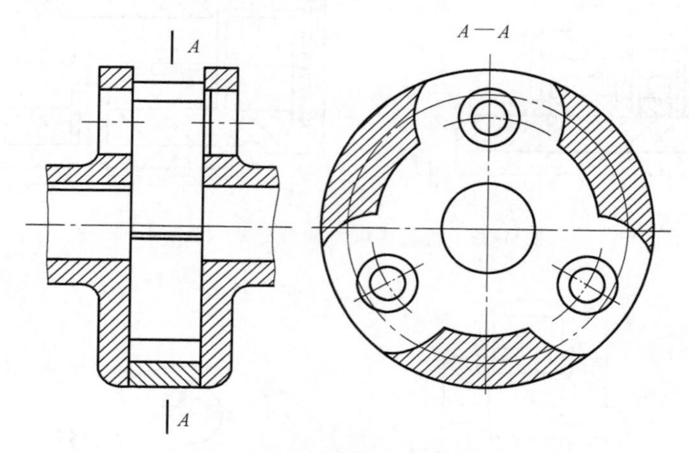

图 4-41　焊接结构行星架

（4）单臂式行星架　单臂式行星架如图 4-42 所示，这种行星架结构简单，安装简便，轴向尺寸小。但是行星轮悬臂支撑，受力不好，刚性较差。

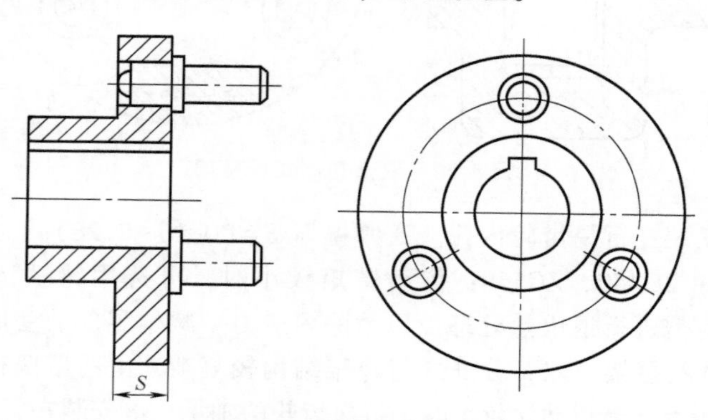

图 4-42　单臂式行星架

4. 行星齿轮传动的主要技术要求

（1） 对齿轮的技术要求

1） 行星齿轮传动要有合理的均载机构，齿轮的精度一般要根据齿轮相对于行星架的圆周速度来确定。通常与普通定轴传动的齿轮精度相当或稍高一些。在一般情况下，齿轮的精度应不低于8级。高速传动的太阳轮和行星轮精度不低于5级。内齿轮的精度不低于6级。

2） 齿轮啮合侧向间隙应比一般定轴传动稍大一些。

3） 齿轮联轴器的齿轮精度为8级，侧向间隙应稍大于一般的定轴齿轮传动。

4） 双联行星齿轮必须使两个齿轮中的一个齿槽互相对准，齿槽的对称线在同一轴平面内，并按照装配条件的要求，在图样上注明装配标记。

5） 齿轮材料与热处理。行星传动中太阳轮同时与几个行星轮相啮合，载荷循环次数多，因此在一般情况下，应选用承载能力高的合金钢，采用表面淬火，渗碳淬火和渗氮等热处理工艺，以增加表面硬度，提高耐磨性。

6） 行星轮与太阳轮和内啮合齿轮同时啮合，轮齿受到双向弯曲载荷，所以常选用与太阳轮相同的材料和热处理。内啮合齿轮的强度裕量较大，可采用稍差一些的材料，轮齿表面硬度也可以低一些，通常采用调质钢就够了。

（2） 对行星架的要求

1） 中心距的偏差 f_a。中心距的偏差会影响齿轮啮合的侧向间隙，另外由于中心距偏差数值的不同，而且偏差方向的不同，从而影响行星轮轴的孔距相对误差和行星架的偏心，从而影响浮动件的浮动量。中心距的偏差可按照下式计算或按表选取

$$|f_a| \leqslant \frac{8\sqrt[3]{a}}{1000} \tag{4-16}$$

式中，a 是行星轮中心的回转半径（太阳轮与行星轮的中心距）。

2） 各行星轮轴孔的相邻孔距公差 f_f。各行星轮轴孔的相邻孔距公差 f_f 是对行星轮之间载荷分配的均匀性影响较大的因素。可按照下列公式计算，也可按表4-1选取。

$$f_f \leqslant 4.5\frac{\sqrt{a}}{1000} \tag{4-17}$$

当行星轮数量大于3时，任意两孔的累积公差按照下式计算

$$\sum f_f \leqslant 1.7 f_t \tag{4-18}$$

表4-1 不同中心距的偏差

偏差代号	中心距/mm				
	>50~80	>80~120	>120~200	>200~320	>320~500
$\|f_a\|$/μm	35	40	45	55	65
f_f/μm	35	45	55	75	100

3） 各行星轮轴孔中心线的平行度公差，应该按照该齿轮相应的精度等级来确定。

4） 行星架同轴度公差应低于行星轮轴孔的相邻孔距公差的一半。

5） 整体式行星架加工后，应进行静平衡校核，不平衡力矩不得超过表4-2规定范围。

表 4-2 不同直径行星架对应不平衡力矩允许值

行星架外圆直径/mm	<200	200~350	350~500
允许不平衡力矩/kg·cm	1.5	2.5	5

（3）对机体、机壳的技术要求

1）机体各轴孔的同轴度公差不低于 GB/T 1184—1996 中的第 8 级。

2）机体各轴孔相对于基准外圆的径向跳动和轴承孔挡圈的端面跳动公差不低于 GB/T 1184—1996 第 6 级。

上述要求适用于高速轴转速低于 1500r/min，齿轮分度圆线速度低于 10m/s 的 DGW、NGWN 和 NW 型的行星齿轮传动。

5. 均载机构

行星齿轮传动能够具有体积小，重量轻而且承载能力高的特点，原因就是采用几个行星轮来分担负载，使得功率分流。但是由于行星轮及行星轮架在制造过程中存在误差，所以这些行星轮不可能真正做到均载。为了提高行星轮在载荷一致性，采用了一些均载机构，从而大幅度降低载荷不均匀系数，提高了整体的承载能力，同时也降低了噪声，提高了运转的平稳性和可靠性，并且降低了对齿轮制造过程中的精度要求。

均载机构的基本原理：外齿轮太阳轮、内齿圈太阳轮和行星架在没有径向固定的支撑下，在受力不平衡的条件下能够做径向游动（称为浮动），以便各个行星轮均匀地担负起载荷。

“浮动”是指某基本构件（如太阳轮、内齿轮或行星架）不加径向支承，允许做径向及偏转位移，当受载不均衡时即可自动寻找平衡位置（自动定心），直至各行星轮之间载荷均匀分配为止。实质上也就是通过基本构件浮动来增加机构的自由度消除或减少虚约束，从而达到均载目的。

基本构件浮动最常用的方法是采用双齿（或单齿）式联轴器。三个基本构件中有一个浮动即可起到均载作用，两个基本构件同时浮动时，效果更好。

均载机构的形式很多，且各有特点，设计与选择时应针对具体情况，参考下述原则进行分析比较：

1）均裁机构应使能最大限度地补偿误差和变形，使行星轮间的载荷分配不均衡系数和沿齿宽方向的裁荷分布系数最小。

2）均载机构的离心力要小，因为离心力能降低均载效果和传动的工作平稳性。其大小与均载构件的旋转速度、自重和偏心距有关。

3）均载机构的摩擦损失要小，效率要高。

4）均载构件上受的力要大，受力大则补偿动作灵敏效果好。

5）均载构件在均载过程中的位移量应较小。也就是均载机构补偿的等效误差数值要小。行星轮和行星架的等效误差比太阳轮和内齿轮的小。

6）应有一定的缓冲和减振性能。

7）要有利于传动装置整体结构的布置，使结构简化便于制造、安装和使用维修。

4.2.2 摆线针轮行星传动

1. 少齿差行星齿轮传动

图 4-43 所示是渐开线少齿差行星齿轮传动原理图。少齿差行星齿轮传动系统由齿轮 1、

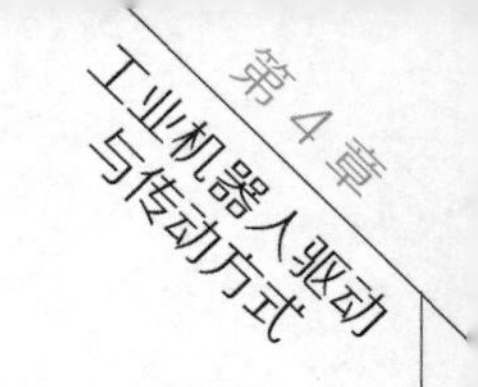

2 系杆 H 及输出机构 V 组成。齿轮 1、2 的齿数相差很少，一般为 1~4，所以称为少齿差行星齿轮传动。工程上 K 代表中心轮，H 代表系杆，V 代表输出机构。因此，这类行星轮系又称为 K-H-V 型轮系。

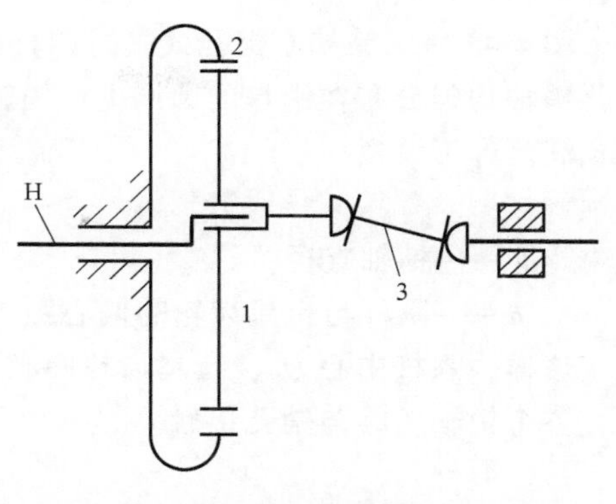

图 4-43　渐开线少齿差行星齿轮传动原理图

其传动比计算如下

$$i_{12}^{\mathrm{H}}=\frac{n_1-n_{\mathrm{H}}}{n_2-n_{\mathrm{H}}}=\frac{z_2}{z_1}$$

由于 $n_2=0$，故

$$i_{12}^{\mathrm{H}}=\frac{n_1-n_{\mathrm{H}}}{0-n_{\mathrm{H}}}=1-\frac{n_1}{n_{\mathrm{H}}}=\frac{z_2}{z_1}$$

即

$$i_{1\mathrm{H}}=\frac{n_1}{n_{\mathrm{H}}}=1-\frac{z_2}{z_1}=\frac{z_1-z_2}{z_1}=-\frac{z_2-z_1}{z_1}$$

其传动比为

$$i_{\mathrm{H}1}=-\frac{z_1}{z_2-z_1} \tag{4-19}$$

以上就是系杆对齿轮 1 的传动比，符号表示系杆的运动方向与行星轮自转方向相反。如果 z_1 和 z_2 仅仅相差一个齿，那么传动比

$$i_{\mathrm{H}1}=-z_1 \tag{4-20}$$

由式（4-20）不难看出，其单级速比非常大。下面以双级少齿差行星齿轮传动为例，计算传动比。如图 4-44 所示，$z_1=100$，$z_2=101$，$z_{2'}=100$，$z_3=99$。求输入件 H 对输出件 1 的传动比。

解：1、3 是中心轮；2、2′是行星轮；H 是行星架

$$i_{13}^{\mathrm{H}}=\frac{n_1-n_{\mathrm{H}}}{n_3-n_{\mathrm{H}}}=(-1)^2\ \frac{z_2z_3}{z_1z_{2'}}$$

因为

$$n_3=0$$

所以

$$\frac{n_1-n_{\mathrm{H}}}{0-n_{\mathrm{H}}}=\frac{z_2z_3}{z_1z_{2'}}$$

即

$$-\frac{n_1}{n_{\mathrm{H}}}+1=\frac{101\times99}{100\times100}$$

$$i_{1\mathrm{H}}=\frac{n_1}{n_{\mathrm{H}}}=1-\frac{101\times99}{100\times100}=\frac{1}{10000}$$

$$i_{\mathrm{H}1}=\frac{1}{i_{1\mathrm{H}}}=10000$$

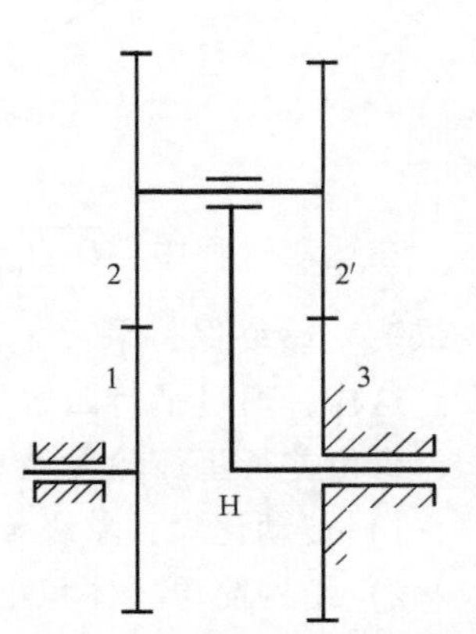

图 4-44　行星周转轮系速比算例

由于少齿差行星齿轮传动系统中，行星齿轮 1 做平面运动，而输出轴为定轴，若要将其转速不变地传递输出轴上，必须增加专门的输出机构，以保证输出轴的角速度与行星轮自转角速度相等。要实现不同轴的轴之间的等角速度传动，除了采用联轴器之外，还可以用平行

四杆机构来完成。

图 4-45 所示为偏心销孔式平行四杆机构。在输出轴上安装销盘，销盘上装有 6~12 个销轴，销轴均匀分布在销盘的圆周上，销轴插入行星轮上与之对应的均匀分布的销孔内。销孔直径满足如下关系

$$d_h = d_s + 2a \tag{4-21}$$

式中 d_s——销轴直径；

a——系杆与行星齿轮的偏心距。

这样，系杆中心 O_2，行星齿轮中心 O_1，销孔中心 O_h，销轴中心 O_s 四点组成平行四边形，各个销轴始终与销孔接触。

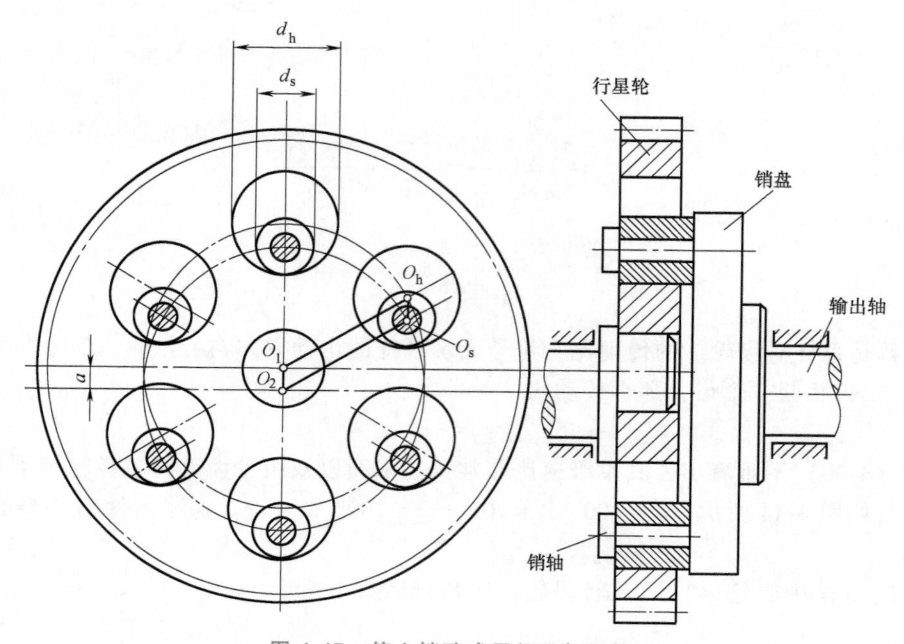

图 4-45 偏心销孔式平行四杆机构

在运动过程中，$\overline{O_1O_h}$（行星轮上的一根线）与$\overline{O_2O_s}$（销盘上的一根线，及输出轴上的一根线）始终保持平行，所以行星轮上的半径$\overline{O_1O_h}$与输出轴半径$\overline{O_2O_s}$始终保持相同得到角度。这样，通过平行四边形保证了行星轮自转角速度与销盘（输出轴）角速度始终相等。

少齿差行星齿轮传动具有如下优点：

1）传动比大，单级传动比可达 135，二级传动比可达 1000 以上。

2）结构简单，体积小，重量轻。与同样速比和同等功率的普通齿轮减速器相比重量可减轻 1/3 以上。

3）加工简单，装配方便。

4）效率较高，单级效率可达 0.8~0.94。

但是，也有固有的不足：

1）只能采用正变位齿轮传动，设计较复杂。

2）传递功率不大，一般不超过 45kW。

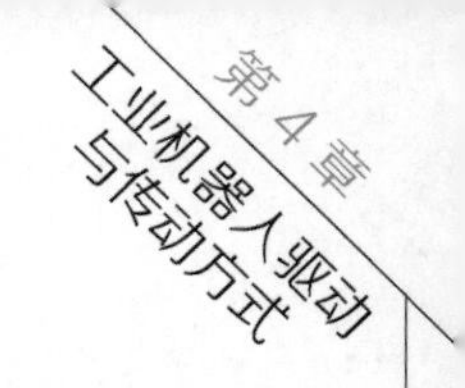

3）径向分力大，行星齿轮轴侧向负载大。

少齿差中最常用的是直齿圆柱齿轮，分为两种形式：N型和NN型。N型结构的特点是一个偏心轴（转臂）是输入轴，由于它的转动以及内齿圈的约束，行星轮做平面运动，即行星轮既绕固定轴做圆周平移运动，还绕自身轴线做回转运动。由于输出轴是固定不动的，因此必须通过输出机构把回转运动传递给输出轴。NN型少齿差传动简图如图4-46所示，它有两个行星轮，不需要输出销盘，它可由齿轮轴或内齿轴直接输出。

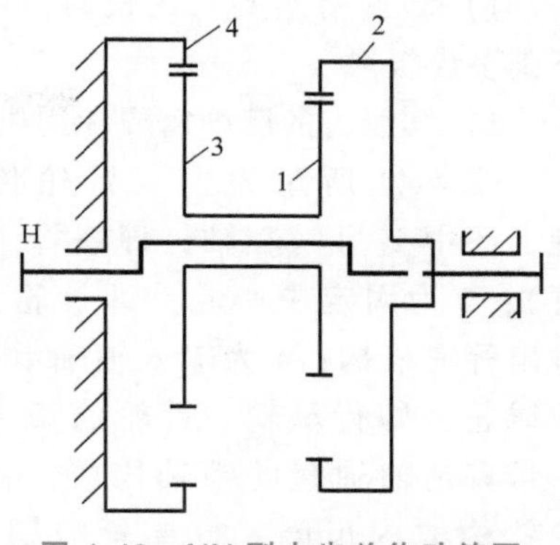

图4-46　NN型少齿差传动简图

其传动比计算如下

$$\begin{cases}\dfrac{n_4-n_H}{n_3-n_H}=\dfrac{z_3}{z_4}\\[2ex]\dfrac{n_1-n_H}{n_2-n_H}=\dfrac{z_2}{z_1}\\[2ex]n_1=n_3\end{cases}$$

若内齿圈4固定（如图所示），$n_4=0$，行星架的偏心轴输入，内齿圈2轴输出，则其传动比为

$$i_{H2}=\frac{z_2z_3}{z_2z_3-z_1z_4} \tag{4-22}$$

若内齿圈2固定，$n_2=0$，行星架的偏心轴输入，内齿圈4轴输出，则其传动比为

$$i_{H4}=\frac{z_1z_4}{z_1z_4-z_2z_3} \tag{4-23}$$

以上就是中心轮采用外齿轮式的NN型少齿差行星传动轮系。

2. 摆线针轮行星传动

摆线针轮行星传动属于K-H-V型轮系传动（K代表太阳轮，H代表行星架，V代表等角速度比输出机构）。其工作原理与渐开线少齿差行星传动基本相同。在前一节介绍了少齿差（N型和NN型）渐开线型行星齿轮传动，在本节中讨论的摆线针轮行星传动，也是属于一齿差行星传动。不同的是，它的行星齿轮是“摆线齿”，而内齿圈的轮齿是“针齿”。摆线针轮行星减速器与少齿差渐开线行星传动一样，具有结构紧凑、体积小、重量轻等优点。但摆线针轮行星传动与少齿差渐开线行星传动相比较，具有如下优点：

1）转臂轴承载荷只有渐开线的60%左右，寿命提高约5倍左右，因为转臂轴承是一齿差行星传动的薄弱环节。

2）摆线轮和针轮之间几乎有半数齿同时接触，而且摆线齿和针齿可以磨削，加工精度较高，所以传动平稳，噪声小。

3）针齿销可以加套筒，使其与摆线轮接触成为滚动摩擦，延长了摆线轮这一关键部件的使用寿命。

4）传动效率高，一级传动效率可以达到90%~95%。

但是摆线针轮行星传动也有如下缺点：

1）制造精度要求比较高，否则达不到多齿接触。

2）摆线齿的磨削需要专用机床。

图 4-47 所示为摆线针轮传动原理，图中 1 为偏心轴，即系杆 H（转臂）；2 为固定中心轮，即针轮；3 为输出等速机构；4 为输入轴轴承；5 为摆线轮，即行星轮。针轮的每个轮齿由带有销轴轴套的销轴构成，整个针轮就构成内齿圈；行星轮为摆线轮，其齿廓为外摆线曲线，与固定针轮的圆弧齿廓构成一对共轭齿廓，形成定传动比的内齿啮合。

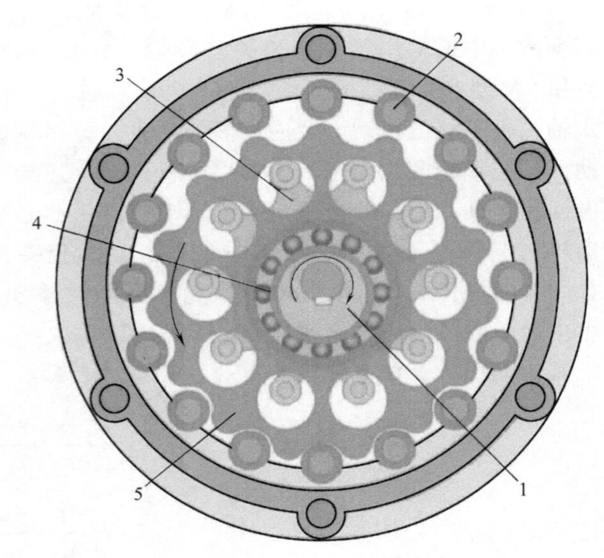

图 4-47 摆线针轮传动原理
1—偏心轴 2—固定中心轮 3—输出等速机构 4—输入轴轴承 5—摆线轮

传递运动时，由偏心轴带动摆线轮转动，由于偏心轴转动输入轴线与行星轮自转轴线偏心，因此摆线轮的自转轴线围绕偏心轮输入轴轴线做圆周运动，与此同时，摆线轮的齿廓与固定的针轮圆弧齿廓啮合，摆线轮又绕自身回转轴线做自转运动。摆线轮的自转运动经过输出等速机构输出。其偏心轴到输出轴的传动比为

$$i_{H1}=-\frac{z_1}{z_2-z_1} \tag{4-24}$$

式中 z_1——摆线行星轮齿数；

z_2——针轮齿数。

如果摆线行星轮与针轮相差 1 个齿，那么其传动比为

$$i_{H1}=-z_1 \tag{4-25}$$

因此，摆线针轮行星传动可以获得较大的传动比。

图 4-48 所示为摆线针轮行星减速器装配图。摆线轮的中心孔装入轴承并将偏心套装入轴承内孔，输入轴 1 装入偏心套的偏心内孔。驱动轴转动时，其偏心套就相当于转臂行星架 H，带动摆线轮做行星运动，即其中心线绕输入轴轴线做圆周运动。由于摆线轮外齿廓与针轮内齿圆弧啮合，因此摆线轮还要绕其自身轴线转动，这个转动通过等速装置输出。

3. 摆线针轮减速器的关键结构

（1）摆线齿与针齿相啮合的故障 摆线齿与针齿表面啮合处已发生点蚀和胶合。在设计时因提高摆线齿面和针轮表面的接触强度，因此摆线轮和针齿一般选用轴承钢，并做表面淬火、渗氮、渗碳等热处理，其硬度应达到 58～62HRC。

（2）针齿销故障 一般针齿销很少发生折断，但是针齿销变形过大，将严重影响针齿销与齿套之间的相对转动，甚至无法转动，从而导致摆线齿与针齿之间以及针齿销与齿套之间的胶合。因此，对于针齿销来说，其刚度非常重要。为此，针齿销采用三点支撑结构，能有效提高其刚度。对于摆线轮节圆直径 D_z>390mm 时，针齿销采用三点支撑，但是齿套应

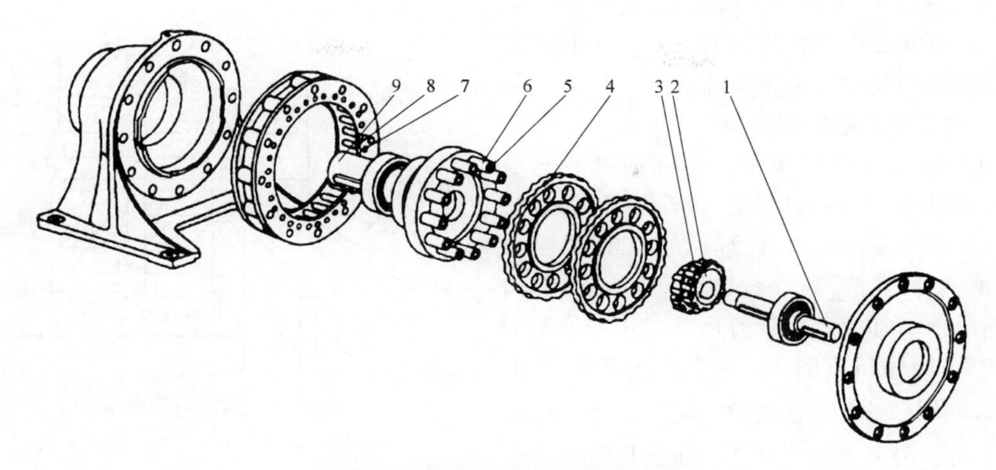

图 4-48 摆线针轮行星减速器装配图

1—输入轴 2—偏心套 3—滚动轴承 4—摆线轮 5—柱销

6—柱销套 7—针轮销轴 8—针轮齿套 9—输出轴

做成两段，如图 4-49 所示。

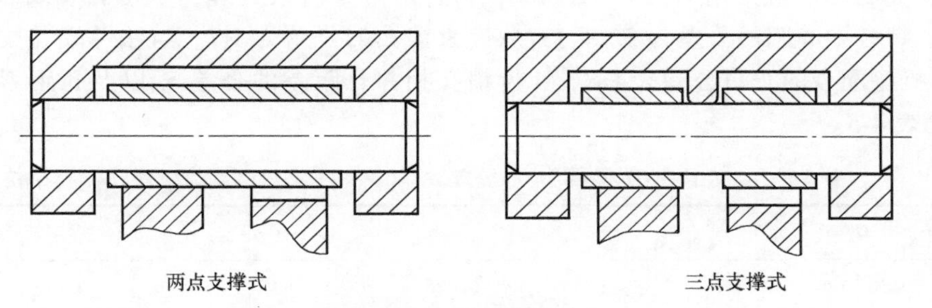

两点支撑式　　三点支撑式

图 4-49 针齿销结构

针齿销的材料选用轴承钢。针齿数目匹配表见表 4-3。

表 4-3 针齿数目匹配表

节圆直径 D_z/mm	≤100	100~200	200~300	300~400	≥400
针齿数目 z_z	6	8	10	12	≥12

针齿销直径与齿套外径的匹配见表 4-4。

表 4-4 针齿销直径与齿套外径的匹配　　（单位：mm）

齿套外径	≤10	14	18	22	27	32	36	42	50	65	70	75	85	95	105
针齿销直径	销套一体	10	12	16	20	24	26	32	36	50	55	60	65	75	85

（3）转臂轴承　转臂轴承除了受到转矩外，由于负载来自与其偏心的摆线轮中心，因此所受的径向力也很大，这也是造成转臂损坏的主要原因之一。当摆线轮节圆直径 D_z 较小（D_z<650mm）时，常常采用无外圈结构，即直接用摆线轮代替外圈的圆柱滚子轴承；当摆线轮节圆直径 D_z 较小（D_z>650mm）时，通常采用带外圈的单列向心滚子轴承。

(4) 输出机构销轴　输出机构销轴（图4-50）有可能变形过大或折断失效，变形过大会使得轴套与销轴转动不灵活。

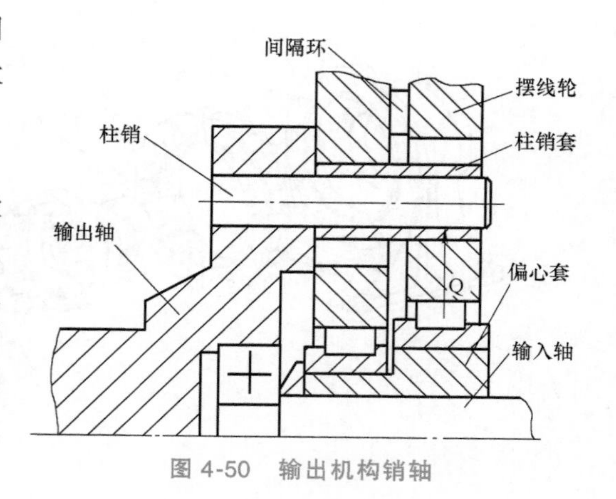

图 4-50　输出机构销轴

4. 摆线针轮减速器的技术要求

(1) 关键零件的要求　机壳的材料一般采用灰铸铁 HT200~HT400，铸件不得有裂纹、气孔、夹渣等缺陷，并进行时效处理。基座上的轴承孔按常规加工，表面粗糙度达到 $Ra1.6\mu m$。与针齿壳配合的止口，要求公差配合为 H8。卧室机座的中心高公差要求为当 $D_z<450mm$ 时，公差范围为 $H_{-0.5}^{\ 0}$，当 $D_z\geqslant 450mm$ 时，公差范围为 $H_{-1}^{\ 0}$。轴承孔与针齿壳配合的止口的圆度及圆柱度公差不低于 8 级。与针齿壳配合的轴线对两个轴承孔的同轴度不低于 8 级。与针齿壳配合的端面对两轴承孔中心线的垂直度不低于 6 级。

针齿壳用于安装固定针齿，并与针齿构成针轮，即减速器的内齿圈。针齿壳结构如图 4-51 所示，其材料一般采用 HT200~HT400，铸件应进行时效处理，不得有裂纹、气孔、夹渣等缺陷。针齿中心圆的公差为 J7 或 JS7。针齿销孔的公差为 H7。与法兰端盖配合孔公差为 H7，与机座配合的止口公差为 H6。针齿销孔相邻孔距差的公差 δ_t 以及孔距累积误差的公差 $\delta_{t\Sigma}$ 见表 4-5。

表 4-5　针齿销孔相邻孔距差的公差 δ_t 以及孔距累积误差的公差 $\delta_{t\Sigma}$　（单位：mm）

D_z	δ_t	$\delta_{t\Sigma}$
150、180	0.026	0.115
220、270	0.036	0.14
330、390、450	0.038	0.18
550、650	0.05	0.22

针齿壳结构如图 4-51 所示。针齿壳上针齿销孔的圆柱度不低于 8 级，与法兰端盖配合孔的圆柱度不低于 8 级，与机座配合的止口的圆柱度不低于 7 级。针齿中心圆对与法兰端盖配合孔中心线的径向跳动误差不低于 7 级，针齿销孔的轴线对与法兰端盖配合端面的垂直度不低于 6 级，与机座配合止口的中心线对法兰端盖配合孔中心线的同轴度不低于 8 级，与法兰端盖配合的端面与法兰端盖配合孔中心线的垂直度不低于 5 级。针齿壳两端面平行度不低于 7 级。

摆线轮结构如图 4-52 所示。摆线轮一般采用轴承钢，GCr15（也允许采用机械性能相当的代用材料），经热处理后，要求硬度达到 58~62HRC。当 $D_z<650mm$ 时，公差为 H6，表面粗糙度为 $Ra0.4\mu m$；当 $D_z\geqslant 650mm$ 时，公差为 J7，表面粗糙度为 $Ra0.8\mu m$。销孔尺寸偏差及几何公差为 H7，表面粗糙度为 $Ra0.8\mu m$。轮齿工作表面粗糙度为 $Ra0.8\mu m$。摆线轮的销孔相邻孔距差的公差 δ_t 以及孔距累积误差的公差 $\delta_{t\Sigma}$ 见表 4-6。

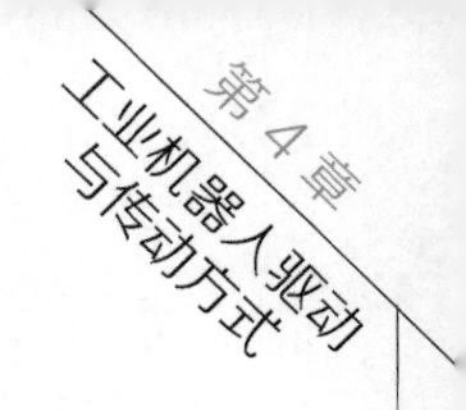

图 4-51　针齿壳结构图

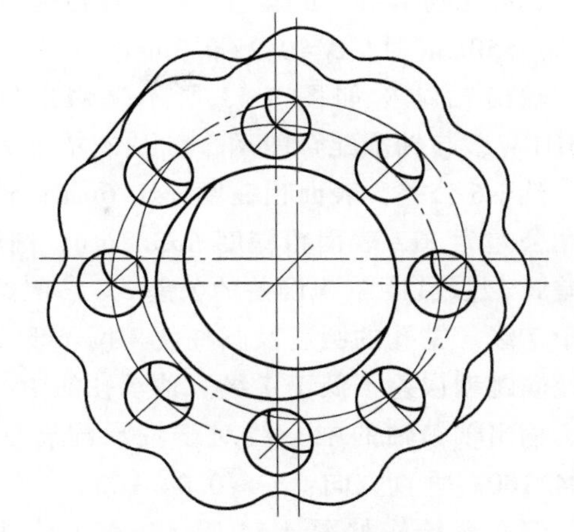

图 4-52　摆线轮结构图

表 4-6　摆线轮的销孔相邻孔距差的公差 δ_t 以及孔距累积误差的公差 $\delta_{t\Sigma}$　（单位：mm）

D_z	δ_t	$\delta_{t\Sigma}$
150、180	0.042	0.1
220、270	0.05	0.115
330、390、450	0.06	0.14
550、650	0.07	0.18

摆线轮的齿廓周节差的公差 δ_t、周节累积误差的公差 $\delta_{t\Sigma}$ 及齿顶圆径向跳动公差 δ_e 见表 4-7。

表 4-7　摆线轮的齿廓周节差的公差 δ_t、周节累积误差的公差 $\delta_{t\Sigma}$ 及齿顶圆径向跳动公差 δ_e

（单位：mm）

D_z	δ_t	$\delta_{t\Sigma}$	δ_e
150、180	0.038	0.075	0.038
220、270	0.04	0.09	0.045
330、390、450	0.045	0.11	0.05
550、650	0.048	0.14	0.058

摆线轮齿顶齿根距离极限偏差见表 4-8。

表 4-8　摆线轮齿顶齿根距离极限偏差

D_z/mm	150	180	220	270	330	390	450	550	650
上极限偏差/μm	-0.22	-0.24	-0.26	-0.28	-0.32	-0.36	-0.38	-0.42	-0.46
下极限偏差/μm	-0.30	-0.32	-0.34	-0.38	-0.42	-0.46	-0.50	-0.54	-0.60

与轴承配合的孔的圆柱度不低于 7 级，销孔中心圆对轴承孔中心线的径向跳动不低于 7 级，与轴承配合的孔的中心线对基准端面的垂直度不低于 6 级，销孔的中心线对基准端面的垂直度不低于 6 级，齿轮工作表面对基准端面的垂直度不低于 6 级，两端面的平行度不低于 6 级。

销孔公称直径=销套直径+2×偏心距+Δ，Δ 的取值为：当 $D_z \leqslant 550\text{mm}$ 时，$\Delta=0.15\text{mm}$；当 $D_z>550\text{mm}$ 时，$\Delta=0.2\sim0.3\text{mm}$。

输出轴结构如图 4-53 所示。输出轴一般采用 45 钢，调质处理，调质硬度 220～255HBW，与轴承配合的两个轴颈的精度为：当 $D_z \leqslant 550\text{mm}$ 时，选 k6 公差；当 $D_z>550\text{mm}$ 时，选 js6 公差，表面粗糙度 $Ra1.6\mu\text{m}$；轴承孔配合公差为 H11，表面粗糙度 $Ra3.2\mu\text{m}$；销轴孔公差为 r6，表面粗糙度 $Ra3.2\mu\text{m}$；销轴孔中心圆公差为 J7。输出轴销孔相邻孔距差的公差 δ_t 以及孔距累积误差的公差 $\delta_{t\Sigma}$ 参照摆线轮要求。各个配合轴颈的圆度及圆柱度精度不低于 7 级。销孔的圆度及圆柱度精度不低于 8 级。销孔中心圆对于轴承配合的两轴颈中心线的径向跳动误差不低于 7 级。轴承孔的中心线对于轴承配合的两轴颈中心线同轴度不低于 8 级。输出轴销轴的中心线对于轴承配合的两轴颈中心线的平行度公差为水平方向：$\delta_x \leqslant 0.04/100$。垂直方向：$\delta_y \leqslant 0.04/100$。

偏心套结构如图 4-54 所示。偏心套的材料一般为 45 钢，调质处理，调质硬度 220～255HBW。两个外圆公差为 js6，表面粗糙度为 $Ra1.6\mu\text{m}$；内孔公差为 H7，表面粗糙度为 $Ra3.2\mu\text{m}$；偏心距的极限偏差不超过±0.02mm。两个外圆的圆柱度和平行度精度不低于 7 级；内孔的圆柱度不低于 8 级；两个偏心圆柱的中心线与内孔中心线平行度不低于 7 级。所有几何公差的精度等级和公差值应符合 GB/T 1184—1996。

图 4-53 输出轴结构

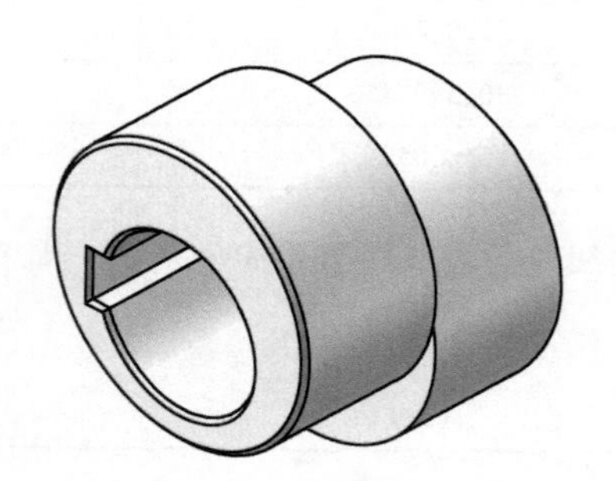

图 4-54 偏心套结构

（2）装配的技术要求　各个零部件进行装配后，其配合关系应符合表 4-9 的规定。

表 4-9 零部件的配合关系

配合零件	配合公差关系
针齿销和针轮壳	H7/h6
针齿销和针齿套	D8/h6
针齿壳和法兰端盖	H7/h6
偏心套与输入轴	H7/h8
输出轴盘销孔与输出轴盘销轴	R7/h6
输出轴盘销轴与销轴套	D8/h6
输出轴与紧固环	H7/r6

销轴装入输出轴销孔可采用温差法。装配后应符合销轴与输出轴轴线平行度公差要求：水平方向，$\delta_x \leqslant 0.06/100$。垂直方向：$\delta_y \leqslant 0.06/100$。为保证连接强度，紧固环与输出轴的装配应采用温差法，不允许直接敲击。机座、端盖和针齿壳等零件的非加工外表面应涂底漆并喷涂浅灰色面漆（或按照主机要求配色）。机壳、端盖的非加工内表面应涂耐油油漆。

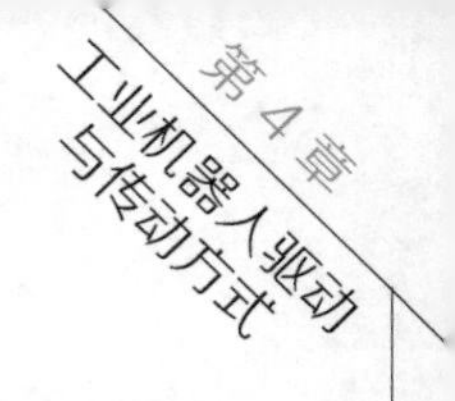

4.2.3 谐波减速器

谐波减速器具有速比大，体积小，价格比较适中的优点。谐波减速器在机器人关节中广泛使用。谐波减速器的缺点是回差大，这主要是由于其输出轴刚度较低，其回转角位移受负载影响较大，在卸载后会有一定的回弹。因此，谐波减速器常用于工业机器人的末端执行器关节。例如第四、第五、第六轴，用于控制机械手的手腕部位姿态。值得一提的是：在进行机器人示教时，如果能将谐波减速器的角位移受到不同负载的影响考虑进去，有意识地改变一些示教的条件或数据，就会大大改善工艺效果。如果是离线编程，编程时考虑回差的影响，并进行程序试运行，这样能得到非常好的运行效果。

1. 谐波传动原理

谐波齿轮传动主要由刚性圆柱内齿轮 G、柔性圆柱外齿轮 R 和波发生器 H 组成。刚性圆柱内齿轮和柔性圆柱外齿轮的齿形分直线三角齿形和渐开线齿形两种，渐开线齿形应用较多。图 4-55 所示为谐波减速器基本组成。

刚性轮 G 是一个内齿轮，通常用 45 钢或 40Cr 制成，其刚性很高。柔性轮 R 是一个薄钢板制成的圆环，并在整个圆周上压制成与刚性轮内齿圈相啮合的齿形。柔性轮的外齿环技术要求非常高，一般采用合金钢制成，具有很高的韧性，抗疲劳能力非常高，弹性较好。波发生器由转臂和滚轮组成，通过转臂的转动，将柔性轮外齿环上的轮齿压入刚性轮内齿环齿槽中。柔性轮内壁孔直径略小于波发生器滚轮外切圆直径，在波发生器 H 的作用下，柔性轮产生弹性变形而呈椭圆状。柔性轮椭圆长轴两端的齿压入刚性轮内齿环齿槽中，而短轴两端的轮齿与刚性轮外圈脱开，其余部位的轮齿与齿槽处于半啮合状态。一般刚性轮固定不动，当波发生器的转臂连续转动时，柔性轮的椭圆也随之转动，柔性轮外齿圈在滚轮转动前方不断进入啮合，在滚轮转动的后方不断脱开啮合，如图 4-56 所示。由于转动过程中，柔性轮产生的弹性变形波类似于谐波，故称为谐波运动。

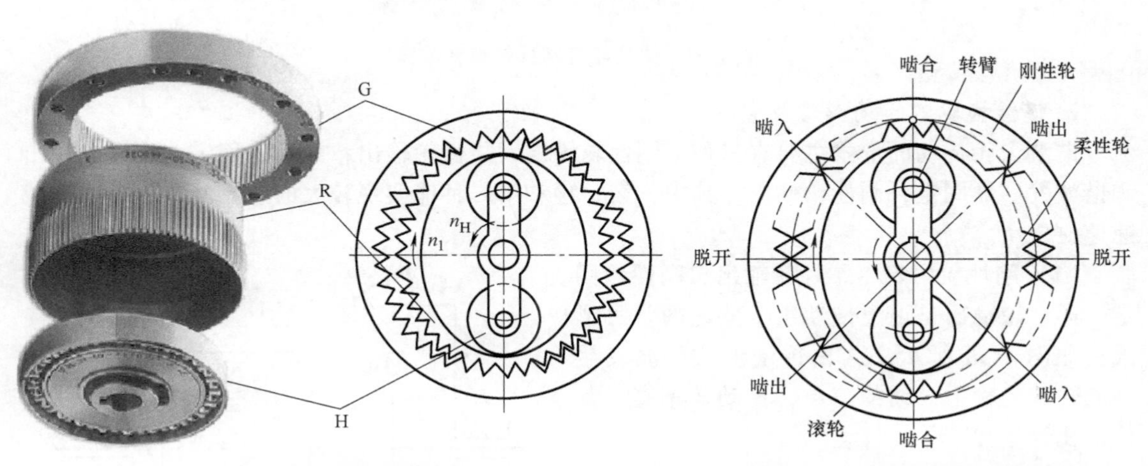

图 4-55 谐波减速器基本组成

图 4-56 谐波发生器工作原理

由于柔性轮外齿环齿数比刚性轮的内齿环齿数少，波发生器转动时，柔性轮与刚性轮之间也产生相对角位移。实际上，柔性轮与刚性轮的啮合运动就是它们之间的错齿运动。波发生器每转动一圈，柔性轮与刚性轮之间相互错开的齿数即为柔性轮外齿环齿数与刚性轮的内齿环齿之差，即波发生器每转动一圈，两轮错开齿差个齿。因此，两轮之间也产生一定的相对角位移，其相对角位移方向与转臂转动方向相反。

柔性轮与刚性轮啮合过程如图 4-57 所示。波发生器装入柔性轮内孔后，使得柔性轮产生弹性变形。这时长轴促使柔性轮的轮齿插入刚性轮的齿槽中，这个区域中心处的柔性轮外齿与刚性轮齿槽处于完全啮合状态。而短轴处柔性轮外齿则与刚性轮内齿圈齿槽完全脱开。随着短轴的旋转，由于柔性轮的弹性变形，柔性轮上的这个轮齿将相对于柔性轮中心逆着波发生器方向向短轴旋转的反方向运动。随着波发生器的转动，波发生器上的该短半轴逐渐远离之前完全脱开的轮齿，而后方长半轴逐渐靠近之前完全脱开的轮齿，并按照图 4-57 所示按照①→②→③→④→⑤位置顺序逐渐插入刚性轮内齿圈齿槽中。此时，波发生器的长轴旋转到之前完全脱开的轮齿位置，该轮齿转变为完全啮合。

当达到完全啮合状态后，随着波发生器的转动，该位置的长半轴逐渐远离了该轮齿，而后方的短半轴逐渐靠近该轮齿，并将该轮齿按照图 4-57 所示按照⑤→④→③→②→①位置顺序逐渐从刚性轮的齿槽中拔出，即实现轮齿的脱开啮合。

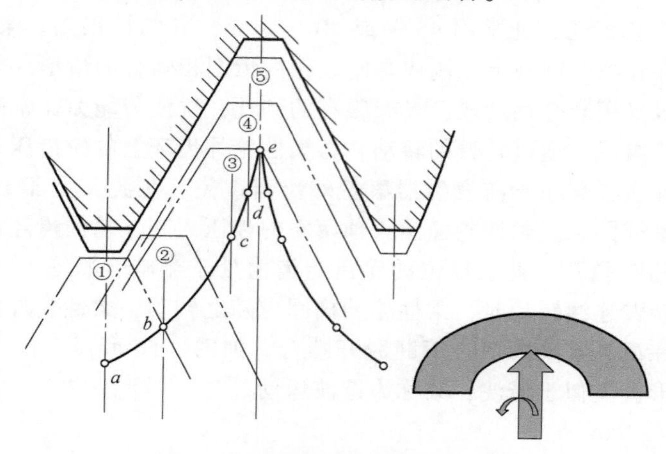

图 4-57　柔性轮与刚性轮啮合过程

2. 谐波齿轮的传动形式及应用

谐波齿轮传动的形式主要有三种：刚性轮固定，柔性轮输出；柔性轮固定，刚性轮输出和谐波发生器固定，刚性轮输出。其中，第一种和第二种能实现较大的速比减速，第三种减速速比较小。

（1）刚性轮固定，柔性轮输出　刚性轮固定，柔性轮输出是谐波传动用于减速的常见形式，如图 4-58 所示。这种传动形式，波发生器的转臂为输入，结构简单，传动效率高。其传动比计算如下

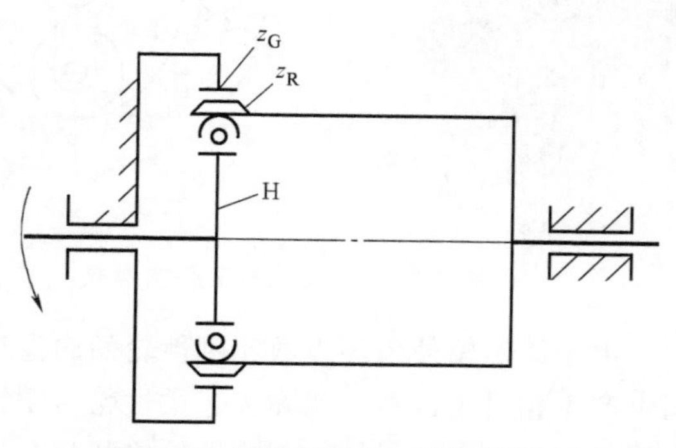

图 4-58　刚性轮固定，柔性轮输出

$$i_{GR}^{H}=\frac{n_G-n_H}{n_R-n_H}=\frac{z_R}{z_G}$$

式中　n_G——刚性轮转速，由于刚性轮固定，$n_G=0$；

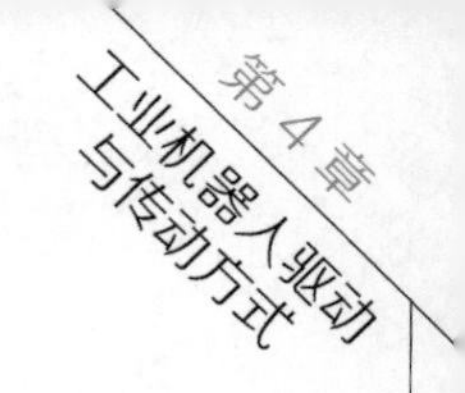

n_H——波发生器转臂转速，即输入转速；

n_R——柔性轮转速，即输出转速。

即

$$i_{RH}=1-\frac{z_G}{z_R}=\frac{z_R-z_G}{z_R}$$

传动比为

$$i_{HR}=-\frac{z_R}{z_G-z_R} \tag{4-26}$$

通常，这种传动方式的单级速比可达75~500，负号表明输出轴转向与输入轴转向相反。

（2）柔性轮固定，刚性轮输出　柔性轮固定，刚性轮输出如图4-59所示。这种传动形式，波发生器的转臂为输入，结构简单，传动比范围较大，可用于中小型减速器。其传动比计算如下

$$i_{GR}^{H}=\frac{n_G-n_H}{n_R-n_H}=\frac{z_R}{z_G}$$

式中　n_G——刚性轮转速，即输出转速。由于刚性轮固定，$n_G=0$；

n_H——波发生器转臂转速，即输入转速；

n_R——柔性轮转速，由于柔性轮固定，$n_R=0$。

即

$$i_{GH}=1-\frac{z_R}{z_G}=\frac{z_G-z_R}{z_G}$$

传动比为

$$i_{HG}=\frac{z_G}{z_G-z_R} \tag{4-27}$$

通常，这种传动方式的单级速比可达75~500，且输入输出同向。

（3）波发生器固定，刚性轮输出　波发生器固定，刚性轮输出如图4-60所示。这种传动形式，柔性轮为主动轮，单级减速比非常小。其传动比计算如下

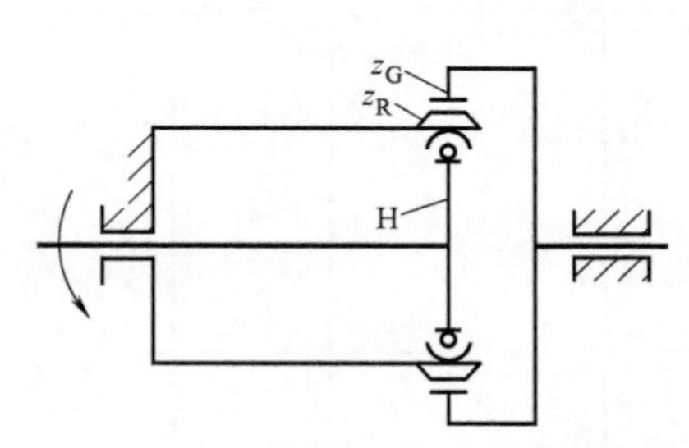

图4-59　柔性轮固定，刚性轮输出

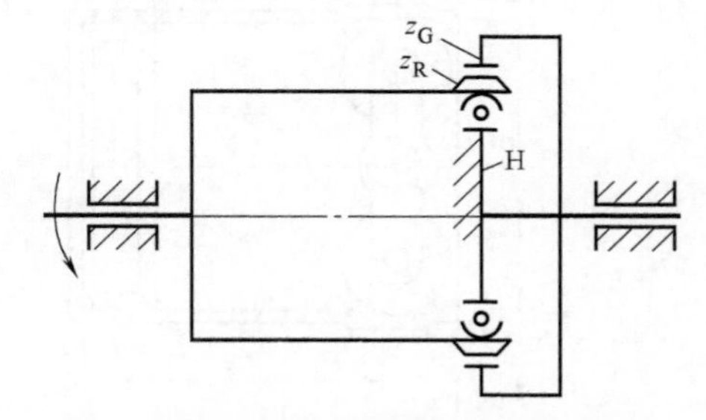

图4-60　波发生器固定，刚性轮输出

$$i_{GR}^{H}=\frac{n_G-n_H}{n_R-n_H}=\frac{z_R}{z_G}$$

式中　n_G——刚性轮转速，即输出转速；

n_H——波发生器转臂转速，由于波发生器固定，$n_H=0$；

n_R——柔性轮转速，即输入转速。

即传动比为

$$i_{GR}=-\frac{z_R}{z_G} \tag{4-28}$$

一般取为 1.002~1.015，传动精度比较高，适用于高精度微调传动装置。

3. 谐波传动系统关键部件结构

(1) 柔性轮的常见结构　柔性轮的结构形式与谐波传动的结构类型选择有关。柔性轮和输出轴的连接方式直接影响谐波传动的稳定性和工作性能。柔性轮的常见结构形式有筒形底端连接式、筒形花键连接式和筒形轴销连接式三种。

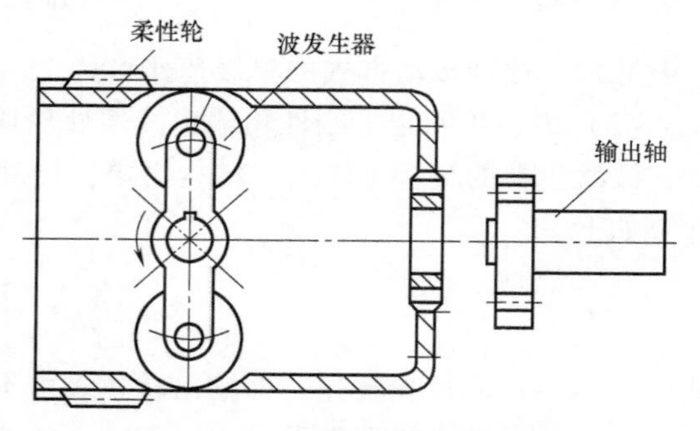

图 4-61　筒形底端连接式柔性轮

筒形底端连接式柔性轮如图 4-61 所示。柔性轮为圆筒形，在柔性轮圆筒底端预制一个法兰，法兰与柔性轮为一体。柔性轮输出轴与柔性轮底端法兰连接，通过底端法兰中心孔止口输出轴径向定位。这种连接形式结构简单，连接方便，加工制造简单，连接刚度高，应用最普遍。

筒形花键连接式柔性轮如图 4-62 所示。筒形花键连接式的柔性轮形状为钢管式无底圆筒，在刚性轮内孔有花键齿，通过花键轴与柔性轮内孔花键齿配合，通过花键连接传递转矩。为了使得柔性轮外啮合轮齿部位有一定的柔性，刚度不能太高，而内孔花键齿部位刚度很高，故用于啮合传动的外齿部位与内孔花键齿部位必须错开（图 4-62a）。为了提高外齿啮合强度及改善柔性轮的整体受力状况，通常在柔性轮外筒有两处用于啮合传动的轮齿，且两处轮齿相位相同（图 4-62b）。这种结构形式比较复杂。

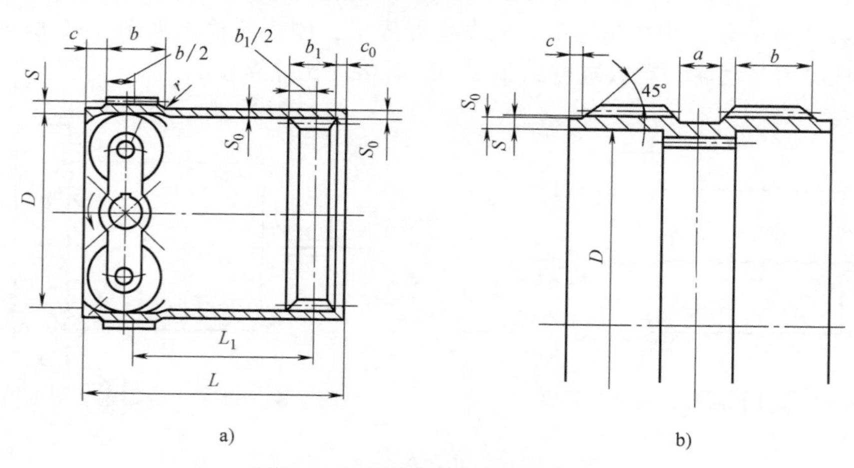

图 4-62　筒形花键连接式柔性轮

筒形销轴连接式柔性轮如图 4-63 所示。在柔性轮圆筒圆周上均匀分布若干个插销孔（图 4-63b、c），将销轴插入柔性轮圆筒外圆的销轴孔。同时，销轴与输出轴连接，柔性轮

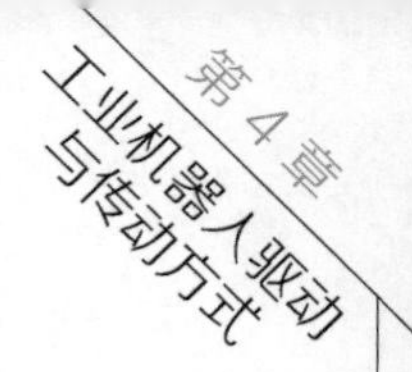

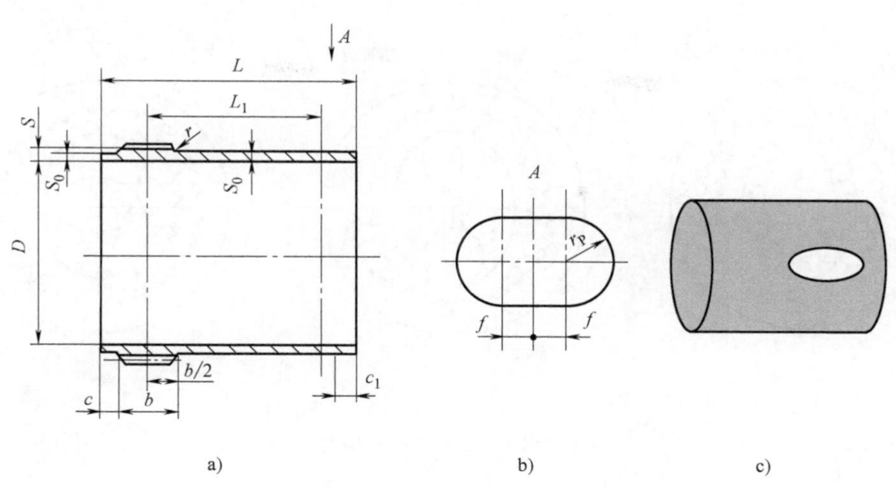

图 4-63　筒形销轴连接式柔性轮

的转动，通过销轴带动输出轴转动。

（2）波发生器的种类及结构　波发生器是迫使柔性轮发生弹性变形的重要元件。按照变形的波数不同，可分为双波发生器和三波发生器两种，如图 4-64 所示。

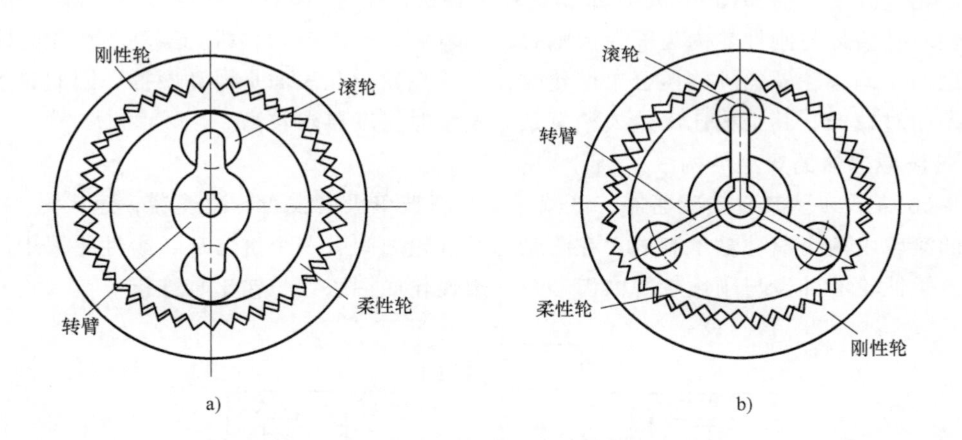

图 4-64　双波发生器和三波发生器

双波发生器如图 4-64a 所示，这种波发生器结构简单，制造方便，易于形成波峰，但柔性轮变形未被积极控制，承载能力较低，多用于低精度轻载荷传动。三波发生器如图 4-64b 所示，柔性轮变形全周被积极控制，这种波发生器承载能力高，多用于不宜采用凸轮式（图 4-65a）或偏心轮式（图 4-65c）波发生器的特大型传动。

常见的双波发生器有凸轮式、滚轮式和偏心轮式三种，如图 4-65 所示。

凸轮式波发生器如图 4-65a 所示：主要由凸轮和滚珠（或滚柱）组成。凸轮上由滚道，滚柱（或滚柱）在滚道上滚动，利用滚柱（或滚柱）的滚动来压合柔性轮，使之与刚性轮内齿圈轮齿实现啮合运动。这种结构比较复杂，但是摩擦以滚动摩擦为主，摩擦阻力小，效率比较高。

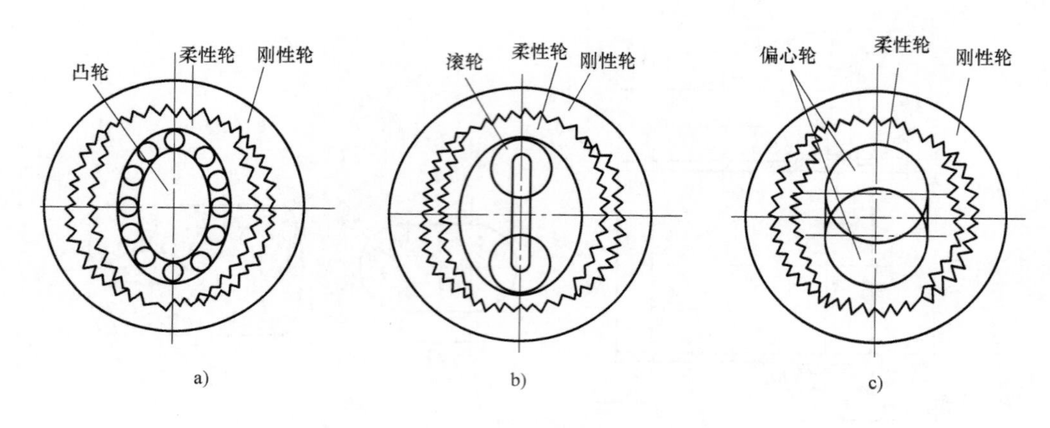

图 4-65　双波发生器种类

滚轮式波发生器如图 4-65b 所示，由滚轮和摆杆组成，在滚轮与柔性轮内圈接触处压合柔性轮外齿环与刚性轮内齿圈轮齿，摆杆旋转并带动滚轮在柔性轮内圈滚动，从而实现与刚性轮内齿圈的啮合运动，滚轮压合柔性轮时，也是以滚动为主。这种结构制造、安装简单，所以广泛应用。但是承载能力比较低，主要用于低精度传动中。

偏心轮式波发生器如图 4-65c 所示，这种结构由两个偏心轮组成，通过偏心轮外圆外侧压合柔性轮外齿环与刚性轮内齿圈轮齿啮合，随着偏心轮的转动，机壳实现柔性轮与刚性轮的内核运动。偏心轮外圆外侧压合柔性轮时，与柔性轮内孔表面是滑动摩擦，因此这种结构传动效率相对较低，其结构比滚轮式稍复杂，安装时精度要求较高。

4. 谐波减速器的典型结构

图 4-66 所示为谐波齿轮减速器，该减速器为双波单级谐波齿轮减速器，速比为 145。波发生器的滚轮由两个滚柱轴承制成。在滚轮与柔性轮之间有一个抗弯环，柔性轮采用筒形花键连接，柔性轮的外齿与刚性轮的内齿啮合，柔性轮底端法兰与输出轴连接。

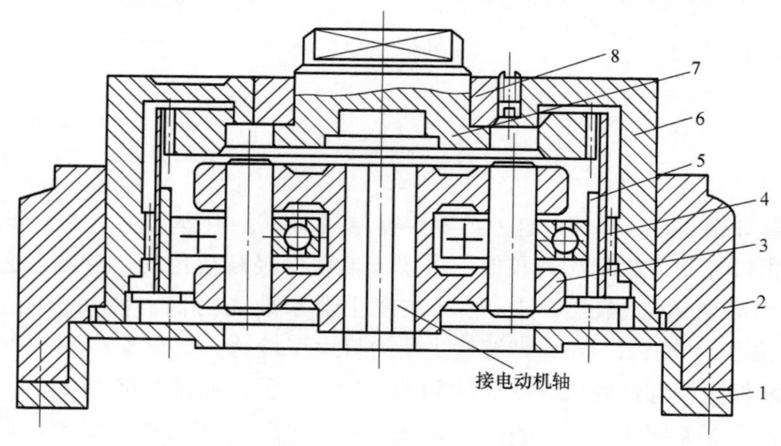

图 4-66　谐波齿轮减速器

1—端盖　2—壳体　3—双滚轮式波发生器　4—柔性轮（$z_R = 290$）
5—抗弯环　6—刚性轮（$z_G = 292$）　7—输出轴　8—轴套

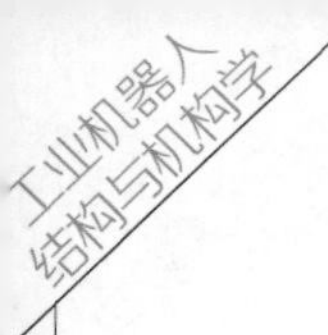

5. 谐波减速器的主要技术要求及选用

谐波减速器的使用条件及主要技术指标见表4-10。

表4-10 谐波减速器的使用条件及主要技术指标

机型	25	32	40	50	60	80	100	120	160	200	250	320
使用条件	使用环境温度为-45~55℃；相对湿度为95%±3%（20℃）；振动频率为10~10Hz；加速度为2g；扫频循环次数为10次											
效率/%	i=63~125，η=75~90 i>125，η=70~85						i=80~160，η=80~90 i>160，η=70~80					
超载性能							超载50%时，能正常运行30min；超载150%时，能正常运转1min					
起动转矩/N·cm	≤0.8	≤1.2	≤2	≤3	≤5	≤8	≤12.5	≤20	≤35	≤60	≤100	≤150
扭转刚度/(N/m)	0.365	0.725	1.45	2.9	5.8	11.65	23.25	46.55	93.10	186.20	327.35	744.65
转动惯量/kg·m^2	7×10^{-7}	2.8×10^{-6}	8.8×10^{-6}	2.5×10^{-5}	5.85×10^{-5}	1.77×10^{-4}	5.46×10^{-4}	1.18×10^{-3}	5.65×10^{-3}	1.72×10^{-2}	5.16×10^{-2}	1.52×10^{-1}
传动误差	1级，≤1′；2级，≤3′；3级，≤6′；4级，≤9′											

谐波传动减速器所承受的载荷最好是转矩，不能承受轴向力和弯矩。若必须承受轴向力或弯矩，则应当在减速器输出轴端增加相应的辅助支承。谐波传动减速器可以垂直安装使用，垂直安装使用时，减速器需要与厂家联系定制。当输出轴垂直向下安装时，谐波传动组建、谐波发生器位于上部，需要配置甩油杯，它起到油泵的作用，将润滑油带到波发生器级刚性轮、柔性轮轮齿啮合面。当输入轴向下安装时，需要注意润滑油油位高度。

选择减速器时，应根据承受的载荷确定减速器的机型。同时，应考虑减速器的工作环境及工作状态。例如长期处于满载荷下连续工作的减速器，应当考虑选用大一型号的减速器。谐波减速器润滑油（脂）的选用见表4-11。

表4-11 谐波减速器润滑油（脂）的选用

机型 XB		25	32	40	50	60	80	100	120	160	200	250	320
环境温度/℃	0~55	XBZH-Y_0（谐波传动半流体润滑脂$0^{\#}$）					32XBY（谐波传动润滑油）			46XBY（谐波传动润滑油）			
	-40~55						32XBY-Y（低温谐波传动润滑油）			46XBY-Y（低温谐波传动润滑油）			
	-50~100						4109（合成油）						

4.2.4 RV减速器

1. RV减速器结构分析

RV减速器传动系统主要由输入齿轮轴、行星轮、转臂、摆线齿轮、针轮、刚性盘及输出轴组成，其结构模型图如图4-67所示，其爆炸图如图4-68所示。

（1）输入齿轮（图4-69） 输入齿轮也称为输入齿轮轴，主要是由于输入齿轮通常直径较小，与输入轴做成一体。输入齿轮轴一端为渐开线齿轮，是行星传动系统中的中心轮，与

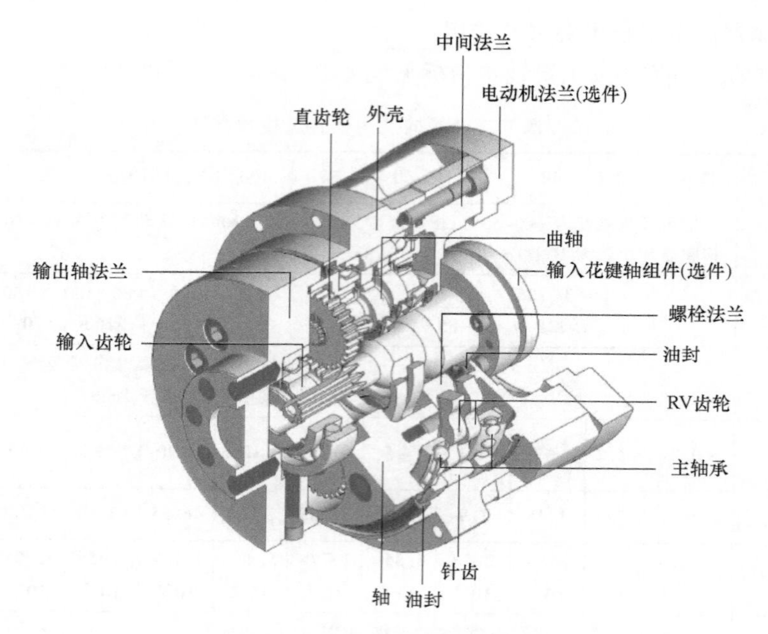

图 4-67　RV 减速器结构模型

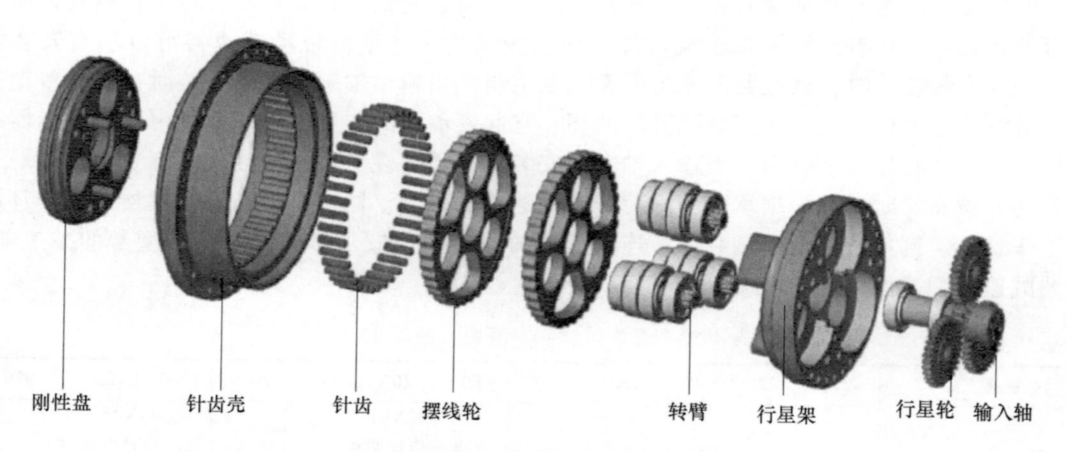

图 4-68　RV 减速器齿轮组爆炸图

图 4-69　输入齿轮轴

两个行星轮（即直齿轮）啮合，构成行星齿轮传动轮系，另一端通常为花键齿，与驱动电动机输出轴连接。输入齿轮轴用来传递输入功率。

（2）行星轮 即直齿轮，如图4-70所示，它与转臂（曲柄轴）固联，三个行星轮均匀地分布在一个圆周上，起功率分流的作用，即将输入功率分成两路传递给摆线针轮行星机构。

图4-70 行星齿轮

（3）转臂 即曲柄轴，如图4-71所示，也称曲轴。转臂是摆线轮的旋转轴。它的一端与行星轮相连接，另一端与支撑圆盘相连接，驱动摆线轮公转，支撑摆线轮产生自转。

（4）摆线轮（RV齿轮） 为了实现径向力的平衡，在该传动机构中，一般应采用两个完全相同的摆线轮，如图4-72所示。分别安装在曲柄轴上，且两摆线轮的偏心位置相互成180°，呈对称结构。

图4-71 曲柄轴

图4-72 摆线轮

（5）针轮 如图4-73所示，针轮与机架固连在一起而成为针轮壳体。

（6）刚性盘与行星架 如图4-74所示，刚性盘是RV型传动机构与外界从动工作机相连接的构件，行星架与刚性盘相互连接成为一个整体，而输出运动或动力。在刚性盘上均匀分布三个转臂的轴承孔，而转臂的输出端借助于轴承安装在这个刚性盘上。

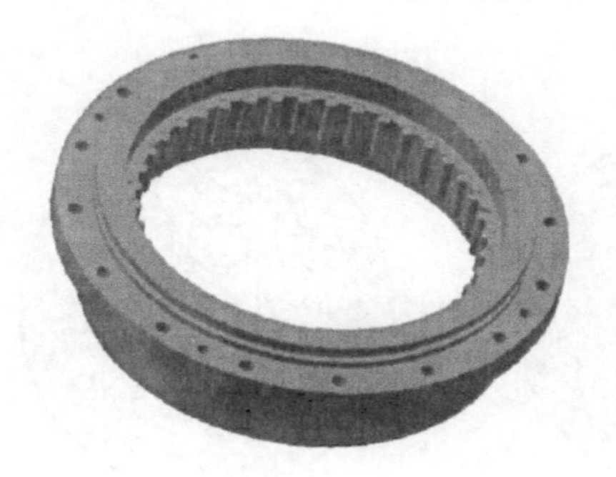
图4-73 针轮

图4-74 刚性盘（行星架）

2. RV减速器传动原理及速比

RV减速器的传动路线分析如下：

（1）行星差动传动系统（图4-75） 驱动电动机经输入轴驱动输入齿轮（行星传动的中心轮）旋转，输入齿轮驱动3个直齿轮（行星轮，有的RV减速器是2个直齿轮）旋转，实现行星差动减速传动，并由行星轮带动安装于行星轮中心孔的曲柄轴随其进行公转和自转运动。

（2）曲柄轴传动系统（图 4-76） 曲柄轴与直齿轮直接连接，与直齿轮相同的转速进行自转和公转。在曲柄轴上有错开 180°的双偏心轴径，双偏心轴径均装上轴承。将两个完全一样尺寸的摆线轮（RV 齿轮）分别套装在两个偏心轴径的轴承上。直齿轮自转一周，曲轴自转一周，同时带动 RV 摆线齿轮公转一周，即曲轴运动。

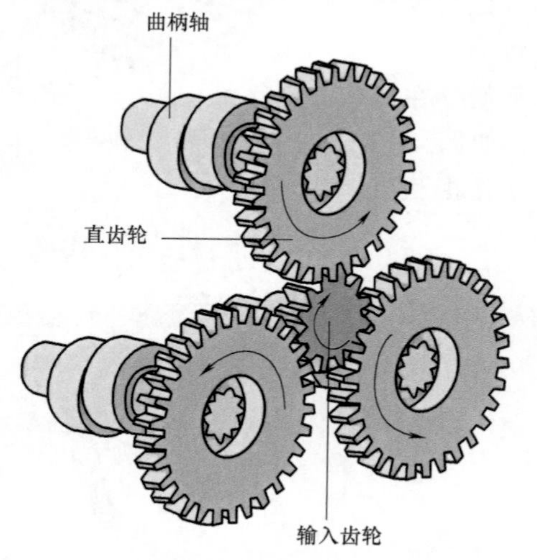

图 4-75 行星差动传动系统

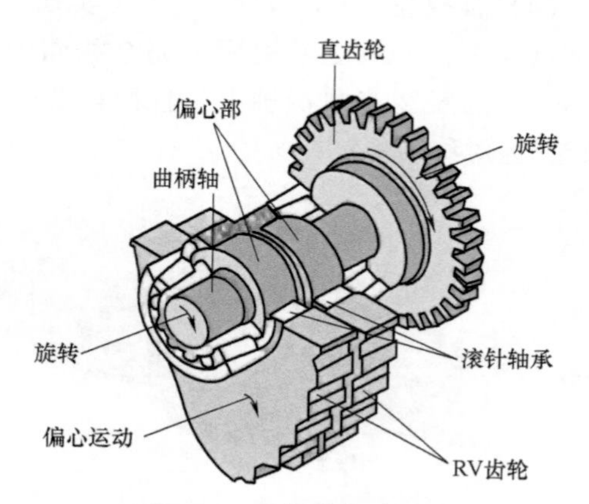

图 4-76 曲柄轴传动系统

（3）摆线针轮行星传动系统（图 4-77） 在摆线轮外装有与之啮合的针齿轮，其齿数比摆线轮多一个齿。摆线轮在曲柄轴的驱动下，与针齿轮内齿圈啮合，进行行星运动的公转。由于摆线轮比针齿轮少一个齿，摆线轮每公转一圈，其自身产生与公转方向相反的一个轮齿的错位，即自转运动。曲柄轴的另一端通过轴承与输出盘内孔连接，两曲柄轴的公转带动输出盘转动。

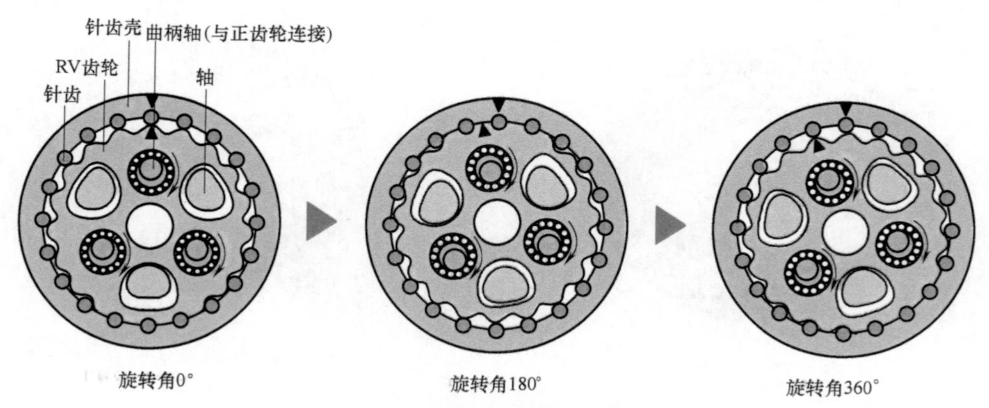

图 4-77 摆线针轮行星传动系统

图 4-78 所示是 RV 传动简图。它由渐开线圆柱齿轮行星减速机构和摆线针轮行星减速机构两部分组成。渐开线行星轮 2 与曲柄轴 3 连成一体，作为摆线针轮传动部分的输入。如果渐开线太阳轮 1 顺时针方向旋转，那么渐开线行星齿轮在公转的同时还有逆时针方向自转，并通过曲柄带动摆线轮做曲轴运动。摆线轮在其轴线公转的同时，还将在针齿的作用下

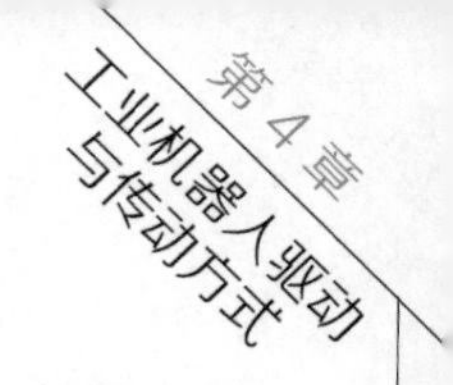

反向自转，即顺时针转动。同时，通过曲柄轴将摆线轮的转动等速传给输出机构。

RV传动系统速度分析如下：

首先，经渐开线太阳轮1驱动渐开线行星轮2做行星差运动，一对行星齿轮中心的连线随着行星齿轮的公转而转动。实质上两行星轮中心的连线就是摆线轮的转臂 H'。实际上，由于两曲柄轴通过轴承与摆线轮的位于其回转中心两侧均布的内孔连接，因此两曲柄轴的公转（即行星轮的公转）是由摆线轮的自转驱动的，两行星轮中心公转转速 $n_{H'}$ 就是摆线轮自转转速 n_4。而位于输出盘的回转中心两侧均布的两个内孔亦通过轴承与两曲柄轴连接，因此输出盘的转动（即输出运动）也是由两曲柄轴带动的。也就是说，两行星轮中心公转转速 $n_{H'}$ 就是输出盘6的转速 n_6。即

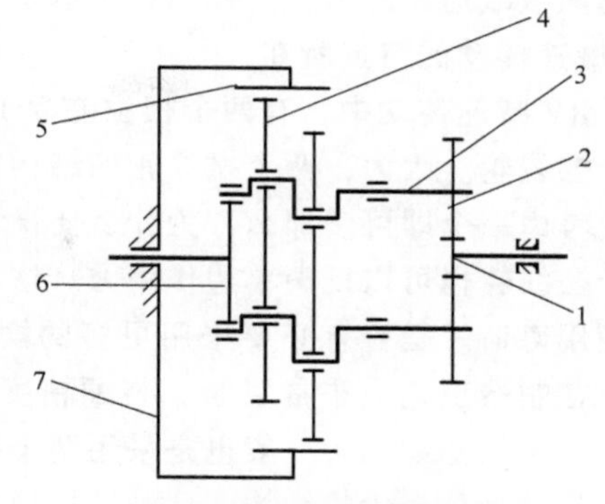

图4-78　RV传动简图

1—渐开线太阳轮　2—渐开线行星轮　3—曲柄轴　4—摆线轮　5—针轮　6—输出盘　7—针齿壳

$$n_{H'}=n_4=n_6$$

由于曲柄轴上安装摆线轮的轴头与曲柄轴上安装行星轮的轴头是偏心的，即在传功中，曲柄轴还充当了摆线轮做行星运动的系杆H。因此，两曲柄轴在驱动摆线轮自转的同时，还驱动摆线轮做公转运动，即摆线轮的公转运动由曲柄轴的自转运动（行星齿轮自转）驱动。而曲柄轴的与行星轮之间通过花键连接，曲柄轴的自转转速 n_3、行星轮的自转转速 n_2 和摆线轮的公转转速 n_H 相同。即

$$n_H=n_2=n_3$$

第一组轮系，即行星差动轮系的速比计算如下

$$\frac{n_1-n_{H'}}{n_2-n_{H'}}=-\frac{z_2}{z_1}$$

第二组轮系，即摆线针轮传动轮系的速比计算如下

$$\frac{n_4-n_H}{n_5-n_H}=\frac{z_5}{z_4}$$

由于针轮固定，所以 $n_5=0$。针轮比摆线轮多一个轮齿，即 $z_5-z_4=1$，将这些条件代入上式，并联立求解，得到

$$i_{16}=\frac{n_1}{n_6}=1+\frac{z_2z_5}{z_1} \tag{4-29}$$

式中　z_1——中心轮齿数；

z_2——行星轮齿数；

z_4——摆线轮齿数；

z_5——针轮齿数。

RV减速传动中，有两套传动机构：行星差动轮系传动和摆线针轮行星传动。这两套传动机构，摆线轮自转运动驱动行星差动轮系的行星轮轴线做公转，而行星差动轮系的行星轮自转驱动摆线轮做公转运动，因此这两套减速传动不是普通串联式，RV减速器已不是普通两级减速传动。这一点从传动比的计算分析也能看出，普通两级串联的减速机，其总体减速

比为两级减速比的乘积，而 RV 减速机的减速比并非这两套减速传动比的相乘。这也正是 RV 减速传动的特点所在。

RV 减速传动中，有两个相位差为 180°的摆线轮，而在计算其传动比时，只考虑了其中一个摆线轮。因为，两个摆线轮的结构完全对称，其运动情况完全相同。在分析传动比时，只要考虑一个即可。那么，为什么要设计两个摆线轮呢？这主要考虑到功率的分流。此外，两个摆线轮也可以抵消单边作用力。这种结构能显著地改善轴承的受力状况，大幅提高轴承的使用寿命。是否有必要采用更多的摆线轮呢？理论上讲，只要相位对称，完全可行。但是，在制造工艺上非常复杂，装配精度要求也非常高。综合各种条件，大多采用两个摆线轮。行星轮亦如此，一般也是采用两个行星轮。RV 减速器的曲柄轴上的双偏心结构，这是一个设计十分巧妙的结构，这种结构使得传动机构十分简单。

3. RV 减速器的特点及应用

RV 减速器的主要性能如下：

1）主要优点。①传动比范围大。②扭转刚度大，输出机构即为两端支承的行星架。用行星架左端的刚性大圆盘输出，大圆盘与工作机构用螺栓连接，其扭转刚度远大于一般摆线针轮行星减速器的输出机构。在额定转矩下，弹性回差小。③只要设计合理，制造装配精度保证，就可获得高精度和小间隙回差。④传动效率高。⑤传递同样转矩与功率时的体积小（或者说单位体积的承载能力大），RV 减速器由于第一级用了三个行星轮，特别是第二级。摆线针轮为硬齿面多齿啮合，这本身就决定了它可以用小的体积传递大的转矩，又加上在结构设计中，让传动机构置于行星架的支承主轴承内，使轴向尺寸大大缩小，所有上述因素使传动总体积大为减小。

2）主要缺点。RV 减速器的技术难点在于该部件需要保证传递很大的转矩，承受很大的过载冲击，并保证预期的工作寿命，因而在设计上使用了过定位结构，这使得零件加工精度要求极高，加工十分困难。

3）应用范围。RV 减速器可广泛应用于冶金、矿山、运输、水利、化工、食品、饮料、纺织、烟草、包装、环保等众多行业和领域工艺装备的机械减速装置，深受用户的好评，是目前现代工业装备实现大速比低噪声、高稳定机械减速传动控制装置的最佳选择。特别是对于工业机器人、机床加工台、焊接定位器、自动托盘、运输机械手、数控机床刀库等需要精密定位又需要传递大转矩的设备，RV 减速器更是显现出来无可比拟的优势。

4. RV 减速器的关键部件技术要求

（1）渐开线齿轮　在第一级的渐开线行星机构中，渐开线齿轮的精度不低于 8 级，中心轮与行星轮的转速非常高，外齿轮精度不能小于 5 级，内齿轮精度等级不小于 6。在 RV 减速器中，中心轮同时和三个行星轮相啮合，负载分布均匀，传动平稳，但是循环次数比较多，通常状况下可以选择承载能力强的合金钢材料，经过表面淬火、渗碳淬火及渗氮等一系列方法，来提高齿面硬度。在 RV 减速器中，行星轮在与太阳轮啮合的同时，又与转臂固定连接在一起。因此，行星轮承受两个方向上的弯曲力，一般情况下行星轮与中心轮选用一样的材料及热处理方法。

行星齿轮的宽径比大于 4，是盘形齿轮，刚性比较差，加工过程中产生局部弹性变形。在 RV 传动中，行星齿轮为均载机构，将负载均等地分布在行星轮上。为保证各个渐开线行星轮一致，在加工齿形时，将行星轮装在一个心轴上，一次滚齿，进行磨削时，保证砂轮和

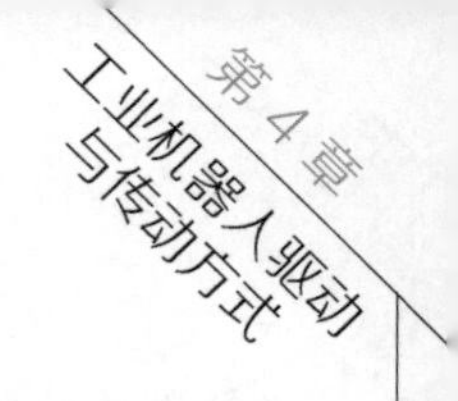

被磨齿轮的相对位置不变，即可保证各个渐开线齿轮的齿厚一样。

（2）行星架　行星架的一端支撑三个渐开线行星齿轮，另一端与刚性盘连接，行星架上三个轴承孔的尺寸精度和位置精度直接影响行星轮与中心轮的啮合。为了确保行星轮同太阳轮的正确啮合，每个行星轮与太阳轮中心距一致，因此要求行星架三个轴承孔与中心孔在一次定位装夹中加工出来。为了保证摆线轮与行星架上轴承孔的相对位置度，可采用相应摆线轮成品作为行星架上均匀分布的三个孔的加工样板。同时，滚珠轴承安装位置几何精度要求也比较高，必须有高的耐磨性，三个孔同转臂的装配关系采用基轴制，可选 H6/h5 的配合关系。

太阳轮与行星轮之间的中心距误差不但影响啮合侧隙大小，而且会因为中心距上下极限偏差的大小及偏向不一致，引起轴与孔之间的相对误差及行星架的偏差矢量，因而影响到摆线轮的传动。

（3）摆线轮　摆线轮齿表面粗糙度小于 $Ra0.8\mu m$，齿形误差小于 0.01mm，轴承安装孔圆度小于 0.004mm，内孔面粗糙度小于 $Ra0.4\mu m$，孔圆柱度小于 0.004mm，两端面的平行度要求小于 0.015mm，中心孔对基准端面的垂直度小于 0.01mm。

由于摆线轮齿面曲线的特殊，精度要求高，一直是加工的难点。齿面进行淬火热处理之后，通常需要用摆线轮磨齿机进行加工；剃齿和珩齿加工出摆线轮加工精度较高，这两种加工方法主要是刀具与工件的外啮合或者内啮合来加工的。剃齿或珩齿的前加工工序直接影响工件的最终精度，同时剃齿或珩齿不能加工淬火后的齿面，摆线轮磨齿的加工关键技术在于砂轮的修正。

为了保证齿面的硬度、表面粗糙度和耐磨性，以及在界面上获得必要的渗透深度，保持均匀的综合性能，RV 减速器中有两个安装位置为相位差 180°的相同摆线轮。由于两个摆线轮上安装轴承孔的同轴度和摆线轮中孔的同轴度要求比较高，即两个摆线轮上轴承孔的相对位置度要求比较高，而不是绝对位置度。为了减小误差，两个摆线轮在一起加工，之后分别对端面和齿形进行磨削。摆线轮的相邻周节和周节累计误差要求比较高，普通的摆线磨床满足精度的要求，在加工过程中，选择数控成型磨床来加工。摆线轮上分布的轴承孔和轴承之间是过渡配合，根据机械设计手册，可化选择 G7/A6 的配合。

摆线轮毛坯的选择，由于材料为轴承钢，结构简单，尺寸精度要求较高，一般情况下，生产数量较少或者尺寸较大的齿轮采用自由锻；大量加工的情况下，中小齿轮采用模锻，因而选巧模锻。

对于摆线轮的热处理，首先进行等温球化退火，经磷化处理，为了确保冷挤压过程中的润滑层不被过大的单位接触应力所破坏，所以要经过表面化学处理。为了使摆线轮毛坯的金相结构更加密实，增强摆线轮的机械性能，同时减少加工余量，采用的方法是把毛坯放置到液压机上专用模具内进行冷挤压，压力范围在 20~25MPa，挤压出摆线轮整体形状结构。为了消除冷挤压应力，进行一次消除应力退火。该齿轮热处理后获得的组织为细小马氏体和结晶马氏体及细小均匀渗碳体，淬火硬度 58~62HRC。

（4）针齿壳　针齿壳是机器人 RV 减速器的重要部件，由于机器人 RV 减速器的运动精度要求特高，因此针齿壳的制造及装配精度也要求很高。对于针齿壳两端的轴承支撑孔的尺寸、几何精度与表面粗糙度值都存在一定的标准规格，制造和装配精度不符合要求，运转时就可能产生振动和噪声。滚动轴承同针齿壳内孔相配合的精度不能小于 6 级。因此，可采用磨削来达到同轴度要求，另外针齿壳中安装针齿的孔为一系列半径较小、长径比大、精度较高、形状为半圆的孔，加工时刀杆容易变形，精度难以保证，影响针齿壳运转精度。在生产过程中，可将针齿壳内缘上的半圆孔加工成整圆，再进行铣削，之后在成型内齿轮磨齿机上用与针齿孔轮廓一样的磨头磨削针齿孔，来保证针齿孔的位置精度与圆柱度。

对于毛坯的选择，由于球墨铸铁的流动性很好，铸造工艺性能好，壁厚变化对力学性能的影响很小，针齿壳上轴承台阶有同轴度要求，精度要求高，减少加工余量，因此可选用金属模造型。对于零件的热处理，由于壁厚不均，铸造时形成较大的内应力，为了细化组织晶粒，提高零件的强度和耐磨性，一般要进行正火处理，以便得到珠光体与铁素体组织。由于材料的传热能力不好，在进行铸造后，会产生明显的内应力，因此在正火后需要退火。

针齿壳上的针齿半圆孔的内表面粗糙度要求小于 $Ra0.8\mu m$，半圆孔的线轮廓度小于 0.005mm，滚针孔的线轮廓度在 0.003mm（是两组零件对应三孔位置的一致性）。

（5）偏心轴（转臂） 转臂上两处偏心外圆表面的圆度小于 0.001mm，表面粗糙度值小于 $Ra0.4\mu m$，两处呈 180°的相位误差小于 1.5′。

双偏心轴（转臂）是 RV 减速器的重要零件，在转臂的双偏心轮上，分别安装滚子轴承，与摆线轮上轴承孔接触，两端各安装一个锥轴承。因为 RV 减速器高的运转精度、回转误差小，转臂也需要很高的准确度。安装锥轴承的两端圆柱同轴度对 RV 减速器的回差影响比较大，从而影响 RV 减速器的运转精度，因此该同轴度要求比较高。在加工过程中产生的几何公差及安装过程中的装配误差，将严重影响 RV 减速器的性能。两端与锥轴承是过盈配合，可选择 H6/n5 的配合。两偏心轮处与轴承是间隙配合，可选择 H6/f5 的配合。

参考文献

[1] 中国电子信息产业发展研究院装备工业研究所．中国机器人产业发展白皮书：2016版［R］．北京：中国电子信息产业发展研究院．2016.

[2] 王田苗，陶永．我国工业机器人技术现状与产业化发展战略［J］．机械工程学报，2014，50（9），1-13.

[3] 于靖军．机械原理［M］．北京：机械工业出版社，2013.

[4] 赵杰．我国工业机器人发展现状与面临的挑战［J］．航空制造技术，2012（12）：26-29.

[5] 张利平．液压传动系统设计与使用［M］．北京：化学工业出版社，2010.

[6] 梅莱．并联机器人［M］．黄远灿，译．北京：机械工业出版社，2014.

[7] 韩建友，杨通，于靖军．高等机构学［M］．2版．北京：机械工业出版社，2015.

[8] 黄真，曾达幸．机构自由度计算原理和方法［M］．北京：高等教育出版社，2016.

[9] 于靖军，刘辛军，丁希仑．机器人机构学的数学基础［M］．2版．北京：机械工业出版社，2016.